优秀青年学者文库 · 工程热物理卷

纤维捕集细颗粒物的数值模拟

Simulating and Modelling Particulate Matter Removal by Fibrous Filter

赵海波 著

U0210723

科学出版社

北 京

内 容 简 介

纤维除尘装置(设备)广泛应用于人类生产和生活的众多领域。纤维过滤器在捕集过程中会在滤料表面形成颗粒枝簇结构,对颗粒物的整体捕集效率高,但是对于细颗粒物($PM_{2.5}$)的分级效率仍然难以满足越来越严格的排放要求,对其进行设计和运行的优化是目前众多纤维除尘应用的实际需求。对纤维除尘过程进行数学建模和数值模拟是对其进行设计和运行优化的理论基础。本书系统介绍了纤维除尘过程的数学物理模型和数值模拟方法,重点是格子 Boltzmann-元胞自动机概率模型。利用这些数值模拟对常规圆形截面纤维、异形截面纤维、多层纤维等稳态和动态纤维除尘过程进行多尺度模拟,揭示不同机理主导下压降、除尘效率、沉积模态、枝簇结构内部孔隙率等动态演变规律,从而对纤维几何结构、排列方式、静电增强等的优化以及实际应用提供理论指导。

本书可供动力工程与工程热物理、环境科学、化学工程、力学、大气物理化学等领域的大专院校教师、研究生的教学参考书,也可作为相关科研人员和工程技术人员的专业学习参考书。

图书在版编目(CIP)数据

纤维捕集细颗粒物的数值模拟 = Simulating and Modelling Particulate Matter Removal by Fibrous Filter / 赵海波著. —北京:科学出版社,2019.3

(优秀青年学者文库·工程热物理卷)

ISBN 978-7-03-060732-4

Ⅰ. ①纤… Ⅱ. ①赵… Ⅲ. ①除尘-数值模拟 Ⅳ. ①X513

中国版本图书馆CIP数据核字(2019)第042934号

责任编辑:范运年 / 责任校对:彭 涛
责任印制:徐晓晨 / 封面设计:蓝正设计

科 学 出 版 社 出版
北京东黄城根北街 16 号
邮政编码:100717
http://www.sciencep.com

北京中石油彩色印刷有限责任公司 印刷
科学出版社发行 各地新华书店经销
*
2019 年 3 月第 一 版 开本:720 × 1000 1/16
2020 年 1 月第二次印刷 印张:13
字数:250 000

定价:98.00 元
(如有印装质量问题,我社负责调换)

青年多创新，求真且力行（代序）

——青年人，请分享您成功的经验

能源动力及环境是全球人类赖以生存和发展极其重要的因素，随着经济的快速发展和环境保护意识的不切断加强，为保证人类的可持续发展，节能、高效、降低或消除污染排放物、发展新能源及可再生能源已经成为能源领域研究和利用的重要任务。

能源动力和环境是世界各国面临的极其重要的社会问题，我国也不例外。虽然从 20 世纪 50 年代扔掉了"贫油"的帽子，但是"缺油、少气、相对富煤"的资源特性是肯定的。从 1993 年起，随着经济的快速发展，我国便成为石油净进口国，截止到 2018 年，我国的石油进口对外依存度已经超过 70%。远远超过 50% 的能源安全线。我国早已成为世界上二氧化碳的最大排放国。由于大量的能源消耗，特别是化石能源的消耗，环境受到很大污染，特别是空气质量屡屡为世人诟病。雾霾的频频来袭，成为我国不少地区压在头上的难隐之痛。我国能源工业发展更是面临经济增长、环境保护和社会发展重大压力，在未来能源发展中，如何充分利用天然气、水能、核能等清洁能源，加快发展太阳能、风能、生物质能等可再生能源，洁净利用石油、煤炭等化石能源，提高能源利用率，降低能源利用过程中带来的大气、固废、水资源的污染等问题，实现能源、经济、环境的可持续发展，是我国未来能源领域发展的必由之路。

近年来，我国政府在能源与动力领域不断加大科研投入的力度，在能源利用和环境保护方面取得了一系列的成果，也有一大批年青的学者得以锻炼成长，在各自的研究领域做出了可喜的成绩。科学技术的创新与进步，离不开科研人员的辛勤努力，更离不开年轻人的不拘泥于前人、敢于创新的勇气，需要青年学者的参与和孜孜不倦的追求。

近代中国发生了三个巨大的变革，改变了中国的命运，分别是 1919 年的五四运动、1949 年的新中国成立和 1978 年的改革开放。五四运动从文化上唤醒国人，新中国成立后从一个一穷二白的国家发展成初具规模工业国，变成了真正意义上的世界强国。改革开放把中国从一个穷国发展成世界上第二大经济体。涉及国运的三次大事变，年轻人在其中发挥了重要的作用。

青年人是创造力最丰富的人生阶段，科学的未来在于青年。

经过数十年的发展，我国已经成为世界上最大的高等教育人才的培养国，每年不仅国内培养出大量优秀的青年人才，随着国家经济实力不断壮大，大批学成的国外优秀青年学者也纷纷回国加入到祖国建设的队伍中。在"不拘一格降人才"的精神指导下，涌现出一大批"杰出青年""青年长江学者""青年千人""青年拔尖人才"等优秀的年轻学者，成为所在学科的领军人物或学术带头人或学术骨干，为学科的发展做出重要贡献。

科学的发展需要交流，交流的最重要方式是论文和著作。古代对学者要求的"立德、立功、立言"的三立中，其中的立言就是著书立说。一个人成功，常常谦虚地表示是站在巨人的肩膀上，就是参照前人的研究成果，发展出新的理论和方法。我国著名学者屠呦呦之所以能够发现青蒿素的作用，就是从古人葛洪的著作中得到重要启发。诺贝尔物理学奖获得者的杨振宁教授，除了与李政道合作的宇称不守恒理论之外，他提出的非阿贝尔规范场论以及杨-巴克斯特方程，为后来的获诺贝尔物理奖奠定了很好的基础，他在统计力学和高温超导方面的贡献也为后来的工作起到重要的方向标作用。因此，著书立说，不仅对于个人的学术成熟和成长有重要的作用，对于促进学科发展，带动他人的进步也至关重要。

著名学者王国维曾在其所著的《人间词话》中对古今之成大事业、大学问者提出人生必经三个境界，第一境界是'昨夜西风凋碧树，独上高楼，望尽天涯路'；第二是'衣带渐宽终不悔，为伊消得人憔悴'；第三是'众里寻他千百度，回头蓦见，那人正在灯火阑珊处'。这里指出，做学问，成大事首先是要耐得住孤独。第二是要守得住清贫，要坚持。在以上基础上，获得的成功自然就会到来。当然，著书是辛苦的。在当前还没有完全消除唯论文的现状下，从功利主义出发，撰写一篇论文可能比著一本书花费的时间、精力要少很多，然而，作为一个真正的学者，著书立言是非常必要的。

科学出版社作为国家最重要的科学文集的出版单位，出于对未来发展、对培养年青人的重大担当，提出了《优秀青年学者文库·工程热物理卷》出版计划。该计划给大家一个非常好的机会，为青年学者的成长提供了很好的展现能力平台，也给大家一个总结自己学术成果的机会。本套丛书就是立足于能源与动力领域优秀青年学者的科研工作，将其中的优秀成果展示出来。

国家的经济快速发展，能源需求日盛。化石能源消耗带来的资源和环境的担忧，给我们从事能源动力的研究人员一个绝好的发展机会，寻找新能源，实现可持续发展是我们工程热物理学科的所有同仁的共同追求。希望我们青年学者，不辱使命，积极创新，努力拼搏，创造出一个美好的未来。

姚春德

2019 年 2 月 27 日

前　言

细颗粒物($PM_{2.5}$)对环境以及人类健康都有很多危害，大气中的细颗粒物污染问题已经越来越受到人们关注。纤维过滤器在捕集过程中会在滤料表面形成颗粒枝簇结构，对 $PM_{2.5}$ 的捕集效率更高，是目前应用最广泛的高效除尘器之一，大到燃煤电厂的布袋除尘器、小到空气净化器和口罩，均属于纤维过滤器。为了进一步提高纤维过滤器对细颗粒物的分级效率并降低压降，在传统纤维过滤理论的基础上人们进行了大量工作，如对纤维形状、大小、排列等进行优化，以及利用多场强化(如静电场等)原理来进一步提升纤维过滤器的性能。对纤维除尘过程进行数学建模和数值模拟是对其进行设计和运行优化的理论基础，相比较而言，这方面的研究较为缺乏。

本书系统介绍了纤维除尘过程的数学物理模型和数值模拟方法，重点是利用格子 Boltzmann-元胞自动机概率模型模拟纤维除尘过程，该模型具有易于处理复杂且动态变化的边界条件、模型简单、易于实现等优点，非常适合于纤维过滤模拟。本书利用该模型对常规圆形截面纤维、异形截面(椭圆形、矩形、三叶形、十字形、三角形等)纤维、多层纤维、静电增强纤维等稳态和动态纤维除尘过程进行数值模拟，揭示不同机理(布朗扩散、拦截、惯性碰撞)主导下压降、除尘效率、沉积模态、枝簇结构内部孔隙率等动态演变规律，并提出了对应的系统压降和扩散捕集效率的拟合公式，这些工作有助于对纤维几何结构、排列方式、静电增强模式等进行优化，为纤维除尘装置(设备)的优化设计提供直接的理论基础。

本书共分 9 章，第 1 章介绍了纤维过滤器主要研究方法、纤维过滤机理，并提出本书研究工作的出发点和主要目标；第 2 章介绍格子 Boltzmann-元胞自动机(LB-CA)气固两相流模型，详细描述颗粒-流体相互作用的双向、四向耦合模型，并对多种模型进行验证；第 3 章利用 LB-CA 模型研究圆形截面纤维捕集颗粒物的稳态过程，研究了清洁工况下不同过滤机制、不同纤维布置方式(错列、并列)对细颗粒物捕集过程的影响；第 4 章重点研究了异形截面纤维过滤细颗粒物的性能，并提出了系统压降和捕集效率的拟合公式；第 5 章从清洁工况扩展到了粘污工况(动态荷尘过程)，研究了圆柱纤维、椭圆截面纤维等动态过滤过程中系统压降、捕集效率的演变；第 6 章从二维模拟进一步扩展到三维模拟，针对圆柱纤维和椭圆截面纤维，详细讨论了沉积颗粒形成的枝簇的生长过程及其内部结构(孔隙率)；第 7 章利用 LB-CA 模型研究单极性的椭圆驻极体纤维捕集细颗粒物的捕集效率，分析颗粒粒径、椭圆驻极体纤维长短轴、流体入口速度、颗粒和纤维的带电量对细颗粒物捕集效率的影响；第 8 章对静电增强布袋除尘器的非稳态除尘过程进行数值模拟，定量获得了烟尘颗粒尺度谱在除尘器中的演变过程；第 9 章对全书内容进行总结，并对未来的发展方向做展望。

本人指导的王浩明博士、王坤硕士、黄浩凯硕士、博士生贺永翔对本书工作作出了实质性贡献，硕士生郑朝和协助整理了文献和相关研究工作，在此对他们工作表示由衷的感谢。作者在最初开展该项工作时，得到了本实验室郭照立教授的无私帮助，他最早启发作者关注格子 Boltzmann 方法，并提供了模拟顶盖驱动方腔流的格子 Boltzmann 源程序，在此基础上作者才发展出可准确定量模拟气固两相流的格子 Boltzmann-元胞自动机概率模型，并且把其应用于纤维过滤领域，郭照立教授在格子 Boltzmann 领域深厚的理论功底和研究积累令我受益匪浅。我的博士生导师郑楚光教授一直关注和支持该方面的工作，并为本人工作的深入和拓展提供了有价值的建议，在此表示深深的致谢。本书中相关工作得到了国家自然科学基金重大项目课题"气固湍流燃烧多尺度耦合模拟与设计方法"（51396094）、基金委面上项目"格子 Boltzmann-格子气-直接模拟 Monte Carlo 的四向耦合介观模型"（50876037）；以及基金委优秀青年基金项目（51522603）、中组部"万人计划"青年拔尖人才支持项目（组厅字[2015]48 号）、教育部长江学者特聘教授青年学者项目等人才项目的资助，在此一并致谢。

纤维过滤领域的研究内容十分广泛，涉及数学、物理、力学等多学科领域，我们也一直处于不断地探索和学习的过程中，书中定有一些不妥之处，恳请广大读者不吝赐教。联系方式：华中科技大学煤燃烧国家重点实验室赵海波（hzhao@mail.hust.edu.cn），邮编 430074。

赵海波

2018 年 9 月 10 日

目　　录

1 绪 论

1.1 研 究 背 景

最近十几年来，随着化石能源的消耗不断增加，空气污染问题越来越突出。空气污染物包括可吸入颗粒物(PM_{10})、细颗粒物($PM_{2.5}$)、硫化物、氮氧化物和臭氧等[1]。其中，颗粒物是最受关注的大气污染物，对环境和人类健康威胁极大。治理细微颗粒物的空气污染、减少雾霾天气是当前重要的课题。

细颗粒物($PM_{2.5}$)表示空气动力学直径小于等于 2.5μm 的颗粒物，它可以分为一次粒子和二次粒子。其中，一次颗粒物包括粉尘、碳黑、有机碳等，也被称为原生颗粒物；二次颗粒物是指硝酸铵、硫酸铵(亚硫酸铵)、有机气溶胶等，它们是由 NO_x、SO_x、挥发性有机化合物(VOC)等在大气中经过光化学反应形成的二次污染物[2]。燃料燃烧形成的颗粒物是一次颗粒物的重要来源，且以细颗粒物($PM_{2.5}$)为主；燃料燃烧产生的 SO_2、NO_x 和 VOC 则是二次颗粒物的主要来源。

细颗粒物的粒径小、质量小，难以沉积，可以在大气中长期滞留，并随着大气环流运动到很大范围，对环境、人类健康以及安全生产等造成巨大危害[3]。提高燃烧源细颗粒物的脱除性能，是除尘器研究的关键所在。

燃烧前和燃烧中的颗粒物排放控制措施显然都无法满足越来越严格的环保标准，而且，在很多情况下，有非常多的实施限制因素，如对于已经设计运行的煤粉锅炉，为了满足生产的要求和经济性，通过调整负荷或燃烧温度等措施来限制颗粒物的排放存在较大的难度。目前，最重要的颗粒物控制措施毫无疑问是燃烧后的除尘技术。

1. 常规除尘器的分类与原理

根据所除尘器对固体颗粒(或雾滴)的净化机理不同，习惯上将常规除尘设备分为四大类。

1)机械式除尘器

机械式除尘器是依靠机械力(重力、惯性力、离心力等)将尘粒从气流中去除的装置。按照除尘颗粒粒径的不同可设计为重力尘降室、惯性除尘器和旋风除尘器。这类除尘器的特点是结构简单，设备费用和运行费用均较低，但除尘效率不高，适用于含尘浓度高和颗粒粒径较大的气流[4]。一般而言，机械式除尘器对粒径较大的悬浮颗粒的除尘效果较好，如重力沉降一般只对于粒径在 50μm 以上的颗粒有效，而旋风分离器能够较好去除的颗粒粒径也在 15μm 以上。

2) 过滤式除尘器

过滤式除尘器是利用过滤材料来捕集颗粒物的装置。布袋除尘器是最常见的过滤式除尘器，以纤维织物作为过滤材料，也被称为纤维过滤器。纤维过滤器的适应性很强，不仅可以捕集电厂尾部烟气中的颗粒，也可以用于室内除尘，日常使用的口罩也可以归类为纤维过滤器[4]。相比其他几类除尘器，纤维过滤器在捕集过程中会在滤料表面形成颗粒枝簇结构，因此对 $PM_{2.5}$ 的捕集效率更高，是目前应用最广泛的高效除尘器之一。虽然纤维过滤器的整体捕集效率很高，但是它对于 $PM_{2.5}$ 的分级效率仍然难以满足越来越严格的细颗粒排放要求。如何提高传统布袋除尘器对于细颗粒物的捕集效率，越来越受到研究人员的关注。近些年来，研究者发现，非圆截面的异形纤维构成的纤维过滤器相比于圆形纤维过滤器，对细颗粒物的捕集效率会有比较明显的提升[5,6]。

3) 湿式除尘器

湿式除尘器是将含有颗粒的气流与液体接触，通过颗粒与液滴之间的惯性碰撞、扩散等机理，颗粒与液体发生接触而被捕集[7]。湿式除尘器具有结构简单、设备成本低、除尘效率高及能够有效去除烟气中的二氧化硫等优点，在众多领域中得到了应用。但是，目前的湿式除尘器普遍具有以下问题：①耗能较大；②产生废液；③由于液体存在，其使用环境受到限制。

4) 静电除尘器

静电除尘器是利用高压电场使烟尘颗粒荷电，在静电力的作用下将颗粒从气流中分离出来。与机械式除尘器和湿式除尘器相比，静电除尘器具有更高的颗粒捕集效率，适用于各种除尘环境，其缺点在于造价高，除尘效率受到粉尘比电阻的影响很大，尤其是粒径较小的颗粒难以荷电，同时也存在占地面积大的问题。而且，通过研究发现，虽然静电除尘器整体捕集效率可以高达 99%，但是对于细颗粒物($PM_{2.5}$)的平均捕集效率偏低[8]，尤其是对于粒径在 0.1~1μm 范围内的颗粒的捕集效率更低。

以上分类是基于起主导作用的除尘机理。在实际的颗粒污染物的净化中，很少单独运用某一种机理，常常是把两种以上的机理同时运用于除尘过程。几乎所有的火电厂均安装了各种除尘器，包括静电除尘器、湿式除尘器、旋风除尘器、布袋除尘器等，其中 90% 以上为静电除尘器[4,9]。这些除尘器的整体质量除尘效率通常很高，甚至可以达到 99% 以上，但是对于危害性极大、尺度范围在 0.1~1μm 的细颗粒物，除尘效率往往只能达到 50%～70%[4,10]。

为了进一步提高净化效果，特别是为提高对亚微米粒子的净化效率，研制了许多种多机理复合的除尘器，如静电强化过滤除尘器、电凝聚除尘器、磁力净化器等新型净化设备，从而极大地推动了除尘技术的发展。

2. 新型除尘器的分类和原理

目前已经发展了诸多燃烧后颗粒物捕集策略来控制其排放，总体而言，可分为四大类。一类是预团聚技术，即采取电、磁、声、热等外加场的作用使细微颗粒预团聚长大，从而被常规除尘装置高效脱除；一类是复合除尘技术，如静电与布袋混合除尘系统等，目标是通过几种除尘机理的协同作用，增强细微颗粒物的脱除效率；一类是传统除尘技术的改进；最后一类是新型除尘技术。

1) 预团聚技术

预团聚技术包括电团聚、声团聚、磁凝并等几种。

电团聚技术的基本原理是利用电场的作用驱使荷电颗粒运动，由于颗粒相对运动的速度差异以及荷电颗粒之间的库仑力和镜像力，使得颗粒之间发生相互碰撞或黏附而聚结成较大颗粒。

电团聚技术主要的技术方案包括[11]同极性荷电粉尘在直流电场中的凝并、异极性荷电粉尘在直流电场中的凝并、同极性荷电粉尘在交变电场中的凝并、异极性荷电粉尘在交变电场中的凝并。对于 0.06~12μm 的飞灰颗粒，采用同极性荷电粉尘在交变电场中电凝并的方案，比常规电除尘器的效率提高 3%（由 95% 增到 98%）[12]；而相关的对比研究认为[13,14]，异极性荷电粉尘在交变电场中的凝并比同极性荷电粉尘在交变电场中的凝并更为高效。向晓东等[11]发展了一种双区式异极性荷电粉尘在交变电场中的电凝并技术，在交流电场内同时实现芒刺电晕预荷电和预凝并，除尘效率和投资成本均优于普通的三区式（荷电区、凝并区和收尘区）电凝并技术。

声团聚技术的基本原理是利用高强度声场引起空气分子的震动，并通过气体分子数密度变化对亚微米颗粒物产生相互作用而产生相对运动，增加亚微米颗粒物的碰撞、黏附和团聚长大的概率。Tiwary 等[15]报道了冷态试验中声波团聚亚微米颗粒的最佳操作参数，包括声强 150~160dB、频率 1~2kHz、2~4s 的声波辐射时间等，此时颗粒尺度可由 0.2μm 长大到 20μm。Rodríguez-maroto 等[16]在中试尺度的电厂进行的热态实验研究表明，采用 10kHz 或 20kHz、400W 或 80W 的功率、2 或 4 个声波发生器（振子）进行声波预团聚然后再进入静电除尘器，可以比没有声团聚时减少 40% 的颗粒数量和 37% 的颗粒质量。沈湘林、袁竹林和盛昌栋等[17-22]、郑世琴等[23]对亚微米颗粒的声团聚进行了相应的数值模拟和实验研究，采用分形维数（fractal dimension）来考虑不规则团聚颗粒，并发现存在一个最佳声场频率。虽然在声团聚方面进行了包括声团聚机理和理论模型的建立、试验测量、数值模拟等卓有成效的工作，但是目前仍然存在诸多问题。如 Ezekoye 等[24]利用分区法对声凝并过程进行数值模拟并与实验结果进行比较，认为低频声场的团聚过程可以采用同向团聚机理和动力学团聚机理(orthokinetic and hydrodynamic coagulation mechanisms)来进行合理预测，而在中频和高频声场中的团聚则需要进一步研究团聚机理和相应的模型；另外，声团聚技术存在产生声场的电能消耗和噪声污染问题；声波声强、频率等与复杂尺度分布的烟尘颗粒群的团聚效果之间的相互关系复杂的问题；声团聚与颗粒簇团的破碎之间的相互竞争等问题也值得进一步研究和解决。

磁凝并技术的基本原理是在磁场的作用下磁性或弱磁性颗粒之间产生相对运动，发生碰撞、黏附和团聚长大。Prakash 等[25]从布朗扩散凝并核模型出发，考虑颗粒之间的磁偶极子相互作用力，提出了颗粒磁团聚核的理论表达式。而 Yiacoumi 等[26]和 Tsouris 等[27]均独立提出了考虑颗粒之间磁力、范德华力、静电力和流体颗粒相互作用力等的凝并核模型。赵长遂等[28]的实验发现燃煤飞灰颗粒呈弱磁性，粒径越小磁凝并效率越高，但是磁凝并效果整体并不理想，这表明磁凝并技术是脱除亚微米颗粒物的一种潜在的有效方法，但是需要通过一些适当的措施使得飞灰颗粒上磁以增强细颗粒物的脱除效果。磁凝并技术目前存在的主要问题是如何提高弱磁性和非磁性颗粒的团聚速率、如何清除和解磁被收集的颗粒等[29]。

电、声、磁团聚是在外力场的作用下促使细微颗粒团聚长大，即使没有任何外力场，在热泳、光泳的作用下，以及在布朗扩散、重力作用、湍流作用下，颗粒之间仍然可能发生团聚现象，这些团聚过程相对较为缓慢，因此需要采取各种措施来增强其团聚。

热团聚也称为热扩散团聚，气体分子的热运动使得细微颗粒物产生相对运动，温度越高，颗粒尺度越小，所受的布朗力相对自身惯性力就越大，越有利于颗粒的热团聚；湍流团聚是指湍流脉动速度对细微颗粒的相互作用所导致的颗粒碰撞而团聚的现象，梯度团聚或边界层团聚是由于流体横向速度梯度所导致的颗粒相对运动速度差异而引起的团聚现象，在边界层中尤其明显，一般对于大尺度颗粒(1～10μm 以上)作用较为强烈。重力团聚则是不同尺度的颗粒在重力作用下产生相对运动速度而引起的团聚。一般而言，这些颗粒的自团聚机理对工业除尘效率的提高帮助不大，但是可以用于某些特殊工况中的气体净化过程，如燃煤联合循环发电系统的高温旋风分离器[30]，热团聚对小尺度颗粒(≤1μm)、梯度团聚对于较大颗粒(≥1μm)、湍流团聚对于更大尺度颗粒(≥10μm)的除尘效率的提高均有一定帮助。

另外一种具有工业应用潜力的预团聚技术是喷雾团聚，它通过喷射液滴(水或者添加了某种活性剂的团聚促进剂[31-33])进入含尘烟气当中，颗粒与液滴碰撞而被黏附，随着液滴不断地捕集颗粒及其水分不断地蒸发，最后形成尺度较大的团聚体；或者液滴浸润颗粒而增大颗粒的黏性，进而增强颗粒碰撞过程的凝并效率，使得其更容易黏附而团聚长大。张军营等[31,34]开发了性能较高的团聚促进剂，包括水、团聚活性剂、表面活性剂和 pH 调节剂，搭建团聚实验台架研究了不同类型的团聚活性剂、pH、喷雾流量、团聚促进剂的质量浓度、温度、烟尘浓度、烟尘成分等对团聚效果的影响，简单分析了其团聚机理，并建立了简单的喷雾团聚数学模型。然而，目前尚缺少对团聚促进剂的团聚机理、复杂的喷雾团聚过程的定量描述，难以得到最优化操作条件，无法分析其他因素(如烟气中已存的超微米颗粒物或复杂的两相湍流场等)对团聚过程的影响等。

近年来还有一种蒸汽相变团聚技术也得到关注。蒸汽相变团聚的机理是：过饱和的蒸汽以细微微粒为冷凝核发生异相冷凝，使尺度增大，并通过颗粒之间的相互碰撞和凝并过程继续团聚长大。这种技术的核心是建立过饱和蒸汽气氛，杨林军等[35]认为，冷却高温高湿烟气或者使得高温含湿气体与低温液体相接触，是实现燃烧源含尘烟气过饱和气氛的可行措施。Bologa 等[36]进行了蒸汽相变预团聚实验，初始平均尺度 66nm 的木材燃烧源微粒在饱和蒸汽中可以凝结长大到930nm，然后在静电除尘器中被捕集，捕集效率可以达到 90%～95%。这种技术的局限性在于只适用于高湿烟气以及非憎水的除尘器(如湿式除尘器、湿式静电除尘器等)。

2) 复合除尘技术

复合除尘技术是同时利用几种外力条件、在几种机理的共同作用下实现高效除尘的目标。

黄斌等[37]较为全面地综述了静电增强旋风除尘器、静电增强布袋除尘器、静电增强颗粒层除尘器等技术。静电增强旋风除尘器主要利用离心力脱除大尺度颗粒，利用静电力脱除小尺度颗粒。目前有学者对静电增强旋风除尘器的除尘机理、结构优化、三维流场数值模拟和分级除尘效率数学模型等均进行了系列研究[38]。有实验表明，对于柴油机排放的亚微米颗粒，静电增强旋风除尘器可以最高达到99.6%的捕集效率[39]，对于中位粒径为 3.1μm 的催化剂厂分子筛尾气的除尘效率可以达到 89.4%[40]。但是静电增强旋风分离器难以处理大流量和高速度烟气，一般对于细微颗粒的除尘效率较低。

静电增强颗粒层除尘器的除尘机理是颗粒层中的大颗粒对烟尘颗粒的布朗扩散、拦截、惯性碰撞和静电吸引。静电增强颗粒层除尘器虽然总质量除尘效率可达到98.4%～99.9%，但是对于 0.7～1.0μm 的细微颗粒，除尘效率甚至低于80%[41]。许世森等[41]分析了三种类型的静电增强颗粒层除尘器，即粉尘荷电而颗粒层不带外电场、颗粒层带外电场而粉尘不荷电、粉尘预荷电且颗粒层带外电场，认为粉尘荷电和在颗粒层中施加电场可以获得最佳的除尘效果，而粉尘不荷电时的除尘效果可能最差。向晓东等[42]的实验研究表明，即使只有颗粒层外加电场而颗粒不预荷电，也能有效提高 0.5μm 以下的粉尘的除尘效率。静电增强颗粒除尘器的缺点在于压损较大而过滤风速较低、清灰复杂、体积庞大等。

静电增强布袋除尘器是利用滤料与颗粒之间的布朗扩散、拦截、惯性碰撞和静电吸引(库仑力或镜像力)等实现对细颗粒物的高效捕集,它可以综合静电除尘技术和纤维过滤技术的优点。静电增强布袋除尘器有如下静电增强方式:颗粒荷电而纤维层无外加电场;中性颗粒而纤维层有外加电场;颗粒荷电而纤维层有外加电场等。传统的静电增强纤维过滤器有 Apitron 静电袋式过滤器(一种颗粒预荷电增强袋式滤器)[43]、TRI 棒帷电极电场增强袋滤器[44]和中心电场袋式除尘器[45]。后来又发展了驻极体纤维过滤装置,驻极体纤维是指能够长期储存真实电荷或者偶极电荷的纤维,可以利用荷电纤维的静电力来捕集带电或中性颗粒[46]。驻极体纤维主要用于捕集难以被传统过滤器捕集的细颗粒物,它的优势在于较高的捕集效率和较低的系统压降[47]。静电增强布袋除尘器具有许多良好的性能:对细颗粒物,尤其是粒径在 0.01~1μm 之间的颗粒有很高的捕集效率,一般都超过 90%;与静电除尘器相比,静电增强布袋除尘器对颗粒物的比电阻有更宽的适用范围;与普通布袋除尘器相比,静电增强布袋除尘器运行时阻力更小,所以费用更少[48]。有研究[49]表明,双极不对称预荷电布袋除尘器对于焊烟的捕集效果改进明显,2μm 的细微颗粒的穿透率由不荷电时的 34.2%下降到预荷电时的 18%,且粉尘粒径越小,静电增强效果越明显。静电增强布袋除尘器的问题在于较大的压损、较低的过滤风速和较大的体积、滤袋的破损以及清灰比较困难等。

类似于静电增强颗粒层除尘器、静电增强布袋除尘器,静电增强纤维(也可称为静电增强无纺纤维)除尘器也属于过滤式除尘器,其除尘机理也非常类似,但是其压损较低,处理烟气量大[50]。研究表明[51],纤维的存在、粉尘的比电阻低、相对湿度高有利于提高除尘效率,而过滤风速、荷电电压存在一个最佳值,这种除尘器对于小尺度粉尘的除尘效率增强更明显。通常认为,静电增强纤维除尘器对小尺度颗粒的捕集效果弱于静电增强布袋除尘器。

其他如静电增强湿式除尘器也广泛应用于冶金、矿山和电力等行业的含尘气体净化,通过或液滴荷电或颗粒荷电或液滴和颗粒同时荷上相反电荷,利用液滴和颗粒之间的镜像力或库仑力更有效地清除颗粒物[52-55]。有实验结果[56]表明,相比较于常规喷雾除尘技术,采用喷雾预荷电的方法对于煤矿井下产生的悬浮粉尘进行捕集,总粉尘浓度可以降低 45%左右,可吸入颗粒物可以降低 50%~70%左右,可以显著提高 0.1~2μm 粉尘的捕集效率。荷电方式、液气比、气体速度、液滴荷质比、液滴尺度分布、粉尘尺度等因素对静电增强湿式除尘器性能影响显著[57,58]。

以上静电增强复合除尘系统主要是利用粉尘颗粒与捕集介质(纤维、颗粒层或液滴等)之间的库仑力或镜像力来增强除尘器主体对细微颗粒的捕集效率。同样,利用液滴对与颗粒之间存在的除尘机理(布朗扩散、拦截和惯性碰撞等),也可以增强主体除尘器的除尘效果。王静英[59]发展的一种小型静电除尘器就是颗粒通过电晕强制荷负电、喷雾液滴通过感应荷正电,液滴捕集颗粒,然后利用湿式风叶轮机脱除液滴和大尺度颗粒。

湿式振动纤维栅(又叫湿式振弦栅)除尘器将细丝绕制成较密的几排，形成振弦栅，当含尘风流通过振弦栅时，风带动栅丝振动，从而阻止风流中的粉尘通过[60]。其除尘分为两部分，首先是喷嘴在纤维栅前喷出的水雾、液滴对含尘气流中粉尘的捕集；其次是气流通过纤维栅(化学纤维栅或不锈钢丝栅)诱发纤维栅的前后振动，超声雾化所喷的水在纤维栅上形成水膜和水珠，水膜、水珠与纤维栅共同捕集含尘气流中的粉尘颗粒[61,62]。这些除尘器通常主要应用于冶金、掘进循环通风防尘、燃煤烟气、采矿等行业，尚没有在燃煤电厂形成规模应用。

同时利用静电除尘、湿式除尘、旋风除尘、纤维格栅除尘或颗粒层除尘等技术的混合除尘技术也得到了一定程度和范围的应用。孙熙等[63]发展了一种旋风除尘器与湿式纤维栅除尘器串联的混合除尘系统，80%~85%的大尺度颗粒采用旋风除尘器干法捕集，15%~20%的细微颗粒采用湿式纤维栅除尘器湿法捕集，总体除尘效率可以达到99.5%以上，且对小于5μm的颗粒具有较高的捕集效率。这种除尘器能够应用于各种中小窑炉、生产车间、隧道、井下等作业场所的除尘净化。王京刚等[64-67]发展了荷电湿式振弦栅除尘器，实际上是湿式静电喷雾除尘器与湿式振弦栅除尘器的串联，荷电水雾利用惯性碰撞、拦截、布朗扩散和静电吸引捕集烟尘颗粒，然后利用振弦栅的声能效果使水雾和粉尘进行碰撞、截留、扩散等，加强了对微细粉尘的收集，它对粒径小于2μm的粉尘的捕集效率显著增强，且总体除尘效率可以超过99.5%。

在燃煤电厂应用最多、最有前途的混合除尘系统是静电布袋混合除尘装置和静电湿式混合除尘装置。美国电力研究所在20世纪90年代开发出紧凑型混合颗粒收集器[68]，在静电除尘器(ESP)之后串联一个高过滤速度的布袋除尘器，并可以通过在ESP之后的烟气中喷入吸收剂以达到较高的SO_x和Hg等污染物脱除效率。美国能源环境研究中心进而开发了类似于并联形式的"先进混合除尘器"[69]，对$PM_{2.5}$捕集效率高，结构紧凑，初始投资小，具有Hg等污染物协同脱除特性，受到了广泛的关注。电厂中试结果表明，先进混合除尘器对0.01~50μm颗粒的除尘效率达到了99.99%。清华大学也研究了静电布袋混合除尘器[70,71]。

可以推断，随着各行各业PM排放标准的严格实施，还将会出现各种高除尘效率的除尘装置，声、磁、电、液滴等均可能被利用来设计各种复合除尘器或增强式除尘器。

3) 传统除尘技术的改进

根据新的细微颗粒污染物排放标准对传统除尘装置进行改造，也是可行方案之一。静电除尘器在燃煤电厂应用最为广泛，对它的研究也相应最多，原式静电除尘器[72]、长芒刺静电除尘器[72]、无电晕式高温高压静电除尘器[73]等层出不穷。但是，对于细微颗粒物捕集最有前途的技术当属于湿式静电除尘器(Wet electrostatic precipitator，WESP)。WESP 不同于普通干式静电除尘器之处在于，前者采用冲刷液冲洗电极，使粉尘呈泥浆状清除；后者则采用机械敲打的方式清除电极上的积灰。湿式静电除尘器的优点是：其除尘特性不受各种非理想条件，尤其是受振打、粉尘二次携带、粉尘比电阻等的影响；能有效吸收烟气中部分酸性气体(SO_x 和 NO_x)[74]，对部分痕量金属(如 Hg 等)也有一定脱除效果；能提高收尘板和放电电极之间的电场强度，增强亚微米颗粒的荷电量，从而能够显著提高 $0.1\sim2\mu m$ 细微颗粒的捕集效率[75,76]；但是其抗腐蚀性、抗结垢、抗结露、废液处理、低温要求等问题需要解决，Bayless 等[77]发展了新型的膜基湿式静电除尘器，Lanzerstorfer[78]综述了湿式静电除尘器的发展，国内目前也有越来越多的 WESP 研究和工业应用[79]。

湿式除尘器也在少量小容量燃煤锅炉中得到了应用，通过改造传统湿式除尘器，如板—柱(plate-column)式旋风湿式除尘器[80]等，也可以提高细微颗粒物的去除效率。

4) 新型除尘技术

新型除尘技术也频繁问世。周涛等[81]探讨了利用热泳效应来脱除细颗粒物的技术方案，其原理是利用主流温度与壁面温度产生的温差形成的温度梯度来推动细颗粒物向壁面运动而被捕集。可行性研究表明，相比较于普通尺度的通道，微通道能更高效率地脱除细颗粒物，最佳脱除范围在 $1.5\sim3.0\mu m$[81]，他们也设计了层流双壁冷却式环形通道[82]、环形双壁冷却式湍流热泳除尘管[83]等，实现 40%以上的热泳沉积效率，但是整体而言除尘效率偏低，且存在大温差的建立等诸多缺陷。这种除尘技术有望增强其他主流除尘器的除尘性能或者用于设计复合式除尘技术。

颜幼平等[84,85]发展了高梯度磁除尘技术，实验研究表明，该技术对钢厂烟尘等强磁性粉尘的除尘效率可以达到 99%以上，而对于非磁性或者弱磁性的粉尘(如燃煤电场烟尘)通过磁种雾化器上磁等办法可达 90%以上的除尘效率，但是仍然存在大量的工艺问题需要解决。

杨林军等[86,87]初步探讨了可用于常温常压的光催化氧化技术对燃烧源一次颗粒物、二次颗粒物、气相前体物等的控制，论述了其可行性和存在的问题，这种技术离有效防治燃烧源细颗粒物还存在一段距离。

湿法鼓泡除尘技术是把含有超细颗粒的气体鼓入冷水中，产生直径很小的气泡。在上浮过程中，气泡内的细颗粒受布朗扩散力、惯性力、热泳力等综合作用，其中移向气泡壁面的超细颗粒被水膜带走。姚强等[88]用 Lagrange 轨道跟踪的方法研究了超细颗粒在单个上升气泡内的沉积过程。这种技术并没有在大型工业除尘系统中被广泛采用。

蒸汽除尘技术也在某些行业(如煤炭加工行业)显示了其活力，基本原理类似于蒸汽相变预团聚技术，在选煤车间的实验结果表明，可以达到 98.5% 的除尘效率[89]。

1.2 纤维过滤机理

如前所述，纤维过滤方式具有对细颗粒物捕集效率高、易于运行、能根据不同应用需求灵活使用等优点。

纤维介质通过不同的捕集机制来脱除颗粒物，其中机械捕集机制主要包括拦截机制、惯性碰撞机制、重力沉降机制和布朗扩散机制。机械捕集机制的示意图如图 1.1 所示[90]。当静电力存在时，还要考虑静电作用。

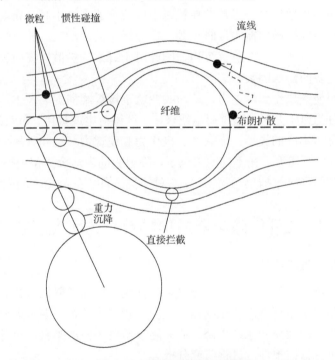

图 1.1 机械捕集机制示意图

拦截机制主要是因为颗粒随流运动以及它的有限体积产生的[91]。如果颗粒在一定的粒径范围之内 (0.5～1μm)，颗粒的惯性可以忽略且布朗扩散比较弱，此时颗粒可以看做基本随流线运动。从图 1.1 中可以看到，当流体绕过纤维时，部分流体的流线贴近于纤维的表面。若颗粒的半径大于流线与纤维表面之间的距离时，颗粒就会和纤维发生碰撞。所以，拦截机制的效率和纤维周围的流线分布以及颗粒的粒径相关。

当颗粒物粒径大于 1μm 时，颗粒具有较大的惯性。当颗粒近似随流线运动时，若颗粒惯性较大，颗粒运动到纤维附近时，颗粒运动会偏离流线碰撞到纤维表面，如图 1.1 所示[91]，这一过程就称为惯性碰撞。颗粒粒径越大，惯性就越大，惯性碰撞机制越显著。

当颗粒物经过纤维区域时，在重力作用下脱离流线而沉积下来，被称为重力沉降[91]。重力沉降作用的强弱是由颗粒的粒径、密度以及流体的流速共同决定的。当颗粒粒径小于 5μm 时，一般不需要考虑重力沉降的作用。

当颗粒物粒径小于 1μm，尤其是小于 0.5μm 时，颗粒物在流体中与周围流体分子的无规则碰撞比较剧烈，从而导致颗粒物的布朗运动。颗粒粒径越小，布朗运动越强，布朗运动是一种随机运动[92]。如果颗粒在做布朗运动的过程中，与纤维表面进行了碰撞，该颗粒就可能被纤维捕集而从流场中分离出来，这种捕集机制就被称为布朗扩散机制。当颗粒粒径越小或流体速度越小时，布朗扩散机制作用越显著。在布朗扩散机制主导时，颗粒在流场中的运动轨迹随机性很强，颗粒可以运动到纤维表面的各个位置沉积，因此对于纤维的扩散捕集而言，纤维表面积的大小是主要的影响因素。

静电作用使颗粒受到静电力，从而改变轨迹被纤维捕捉。产生静电作用的主要来源可以分为以下几类：颗粒荷电或极化、纤维荷电或极化、布置外加电场等。静电力可以分为不同的类型：库仑力、极化力和镜像力。这几种静电力可以单独存在，也可以相互组合。在不同的工况下，静电力的表达公式差别很大。Wang[93]研究并给出了圆形纤维捕集颗粒物时，7 种不同条件下的静电力的表达式。

1.3　纤维除尘器捕集颗粒物的研究现状

1.3.1　经典纤维过滤理论

纤维过滤器捕集颗粒是一个十分复杂的问题，而为了降低研究难度，经典纤维过滤理论是基于单纤维清洁工况捕集颗粒过程提出的，主要考虑单圆形截面纤维在清洁工况下的效率和系统压降。后来随着研究手段的丰富，也开始对多纤维系统和整个过滤器捕集性能进行研究分析。

早期纤维过滤理论主要基于理论分析，由于诸多简化或假设，以及对机理认识尚不够清晰，当时得到的相关理论公式存在一定局限性，但是对于之后经典纤维过滤理论的建立提供了很好的基础。早期纤维过滤理论代表性的工作有[94]：1931 年，Albrecht[94]第一个对通过单圆柱纤维的气流运动进行了初步的研究，并建立了 Albrecht 模型，后面 Sell 又对该模型进行了修正；Kaufmann[95]第一个把布朗扩散和惯性沉积的概念应用到纤维过滤理论之中，并推导出了关于过滤作用的公式；1942 年，Langmuir[94]对过滤理论进行了更深入研究，他提出颗粒捕集是拦截机制和布朗扩散的共同作用，并且认为惯性作用可以忽略。

从 20 世纪 50 年代开始，许多学者已发展了一些数学模型，或者通过实验手段来研究和提高纤维过滤器的性能[96-102]。除了捕集效率，系统压降 ΔP 也是一个重要的参数指标，如在电厂袋式除尘器系统中，系统压降往往影响着除尘设备的运行寿命[103]，过大的系统压降会加速除尘纤维的磨损。

单纤维并不是特指在无穷大流动区域内的一个孤立纤维，而是指在纤维层中出了纤维排列的有序性（如错列、顺列），或体积分数足够低而各纤维间干扰较弱的情况下，纤维体的颗粒捕集可基元化为单纤维上的捕集来研究。Davies[104]最早提出了系统的单纤维理论，他把布朗扩散机制、拦截机制和惯性碰撞机制结合起来，并提出相应的公式。Happel[105]利用相同的单元晶胞法，对流体速度平行或垂直圆柱时所受的曳力进行了研究，还提出了半经验曳力公式。Fuchs 和 Stechkina[106]考虑了纤维层过滤器（垂直来流方向的并排圆柱系统）中相邻纤维的干扰效应。在这些对纤维过滤过程中流场研究的基础上，许多学者[103,107-111]进一步提出了扩散、拦截、惯性碰撞捕集效率及系统压降的理论公式，从而得到了扩散、拦截、惯性机制主导下的捕集效率和压降。Stechkina 等[107-110]研究了层流时单（多）圆形纤维的扩散机制主导时的捕集效率、平行排列时多圆柱纤维的系统压降（无量纲曳力）以及系统穿透率，第一次提出了利用贝克莱数等无量纲参数来计算扩散机制主导时的捕集效率。Stechkina[107]研究了雷诺数和纤维所受曳力之间的关系，发现纤维曳力在雷诺数小于 1 时，基本保持不变；当雷诺数大于 1 时，纤维曳力随雷诺数升高而升高。

Yeh 和 Liu[112]提出了惯性机制主导时纤维捕集效率的理论公式。Lee 和 Liu[98]利用实验研究了单纤维捕集单分散的亚微米颗粒（粒径为 0.035～1.3μm）的效率，并且研究了捕集效率与颗粒粒径、纤维体积分数以及流场入口速度之间的关系。随后，他们利用边界层理论得到了扩散和拦截机制下捕集效率表达式[111]。Liu 和 Wang[103]研究了纤维过滤器的压降和拦截捕集效率，并且分析了多排纤维分离比对系统压降和拦截捕集效率的作用。Brown[91]在他的著作中系统总结了经典过滤理论的各种结论。

综合以上经典纤维过滤理论的研究成果，对认可度相对较高的一些压降（纤维曳力）和捕集效率的模型/公式进行总结。根据经典过滤理论，压降 ΔP 和纤维尺寸、流体黏度、主流速度、纤维填充率等有关。过滤器中的低雷诺数（Re）不可压黏性流体满足 Darcy 公式，也就是说，系统压降和入口流体速度成正比，该比率即为纤维受到的无量纲曳力（F），表达式为[103]

$$F = \frac{F_D}{\mu U} = \frac{\Delta P S}{\mu U Z} = \frac{\Delta P \cdot \pi d_{\mathrm{f}}^2}{4 \alpha \mu U Z} \tag{1.1}$$

其中，Z 为过滤层厚度；α 为纤维填充率，$\alpha = \pi d_{\mathrm{f}}^2 / (4S)$；$\mu$ 为流体黏度；U 为流场

进口速度；ΔP 为系统压降；d_f 为纤维直径，F_D 为纤维所受实际曳力大小，S 为计算区域横截面积。Liu 和 Wang 等[103]指出，当 $Re<1.0$ 时，颗粒压降几乎不随 Re 数变化，而当 $1.0<Re<200.0$ 时，颗粒无量纲曳力随 Re 增大而增大。Tamada 和 Fujikawa[113]通过 Oseen 方程解也证实了这一点。这是因为，当 Re 较低时，不可压黏性流满足 Darcy 公式，这意味着压降和流体速率成正比；而当 Re 较大时，压降和流速不成正比，且压降和流速之比随流速增大而增大。

对于单圆柱纤维，目前已有两个理论公式来描述无量纲曳力和纤维填充率之间的关系。

Liu 和 Wang[103]提出的单排圆柱纤维曳力的公式为

$$F = 4\pi[-0.5\ln\alpha - 0.75 - 0.25\alpha^2 + \alpha]^{-1} \tag{1.2}$$

Miyagi[114]提出求解单排圆柱纤维曳力的公式为

$$F = 4\pi\left[-\ln\frac{d_f}{2h} - 1.33 + \frac{\pi^2}{3}\left(\frac{d_f}{2h}\right)^2\right]^{-1} \tag{1.3}$$

式中，h 为纤维层厚度。

对于多排纤维，根据排列方式的不同，也有相应的无量纲曳力计算公式。Hasimoto[115]提出了并列纤维的无量纲曳力表达式：

$$F = 4\pi[-0.5\ln\alpha - 1.3105 + \alpha]^{-1} \tag{1.4}$$

Liu 和 Wang[103]提出的单排圆柱纤维曳力的公式同样也适用于错列布置纤维的无量纲曳力计算。值得指出的是，以上几个无量纲曳力公式均与雷诺数和纤维布置方式无关，且只适合于雷诺数小于 1 时。实际上，纤维所受曳力在雷诺数不断增大时，不再保持某一常数，而是随着雷诺数的升高而升高；实际过程中，纤维除尘器是由多个纤维通过不同的形式排列组成的，这也会影响其曳力。

考虑到过滤过程包含了多种捕集机制(布朗扩散、拦截捕集、惯性捕集以及其他外力作用下的捕集机制，如重力沉降、静电捕集等等)，单纤维捕集颗粒的总效率(只考虑前三种机制的情况下)可以将不同捕集机制下的捕集效率 η_s 通过下式计算得到[91]：

$$\eta_s = 1 - (1 - \eta_D)(1 - \eta_R)(1 - \eta_I) \tag{1.5}$$

式中，下标 D、R、I 分别表示扩散、拦截和惯性捕集各自主导下的捕集效率。

有学者曾提出一些计算单圆柱纤维捕集效率的理论/半经验公式[116-118]。单纤维捕集效率 η_s 取决于过滤过程中所涉及的各个捕集机制，但这些公式并未考虑纤维布置方式对捕集效率的影响。表 1.1 总结了应用较为广泛的各捕集机制主导下的单纤维捕集效率计算公式。

**表 1.1 单纤维捕集效率计算公式*

捕集机制	表达式	备注
扩散[107]	$\eta_{\mathrm{D}} = 2.9 Ku^{-1/3} Pe^{-2/3} + 0.62 Pe^{-1}$	$Ku = -0.5\ln\alpha - 0.75 + \alpha - 0.25\alpha^2$
拦截[111]	$\eta_{\mathrm{R}} = \dfrac{1+R}{2Ku}\left[2\ln(1+R) - 1 + \alpha + \left(\dfrac{1}{1+R}\right)^2\left(1-\dfrac{\alpha}{2}\right) - \dfrac{\alpha}{2}(1+R)^2\right]$	$J = (29.6 - 28\alpha^{0.62})R^2 - 27.5R^{2.8}$
惯性[91]	$\eta_{\mathrm{I}} = \dfrac{St \cdot J}{2Ku^2}$	——

*Pe 为佩克莱数；R 为颗粒粒径与纤维直径之比，$R = d_{\mathrm{p}}/d_{\mathrm{f}}$；$St$ 为斯托克斯数；Ku 和 J 均为自定义变量。

对于多纤维过滤器而言，由若干圆柱纤维垂直来流方向放置组成，其在清洁工况下的捕集效率 η 与单纤维捕集效率 η_{s} 有以下联系[119]：

$$\eta = 1 - \exp\left(-\frac{4\alpha\eta_{\mathrm{s}}Z}{\pi(1-\alpha)d_{\mathrm{f}}}\right) \tag{1.8}$$

式中，d_{f} 为纤维直径；α 为纤维填充率；Z 为纤维过滤层厚度。

事实上，纤维的布置方式（如并列、错列以及不规则随机布置方式等）对捕集效率有不可忽略的影响[118]。

随着纤维捕集颗粒物的进行，沉积于纤维表面的颗粒枝簇也能进一步捕集气流中的颗粒物，因此可提高纤维的捕集效率。可基于稳态荷尘过程（或称为清洁工况）下的压降或捕集效率来预测非稳态荷尘过程（或称为沾污工况）时的压降或捕集效率的动态演变。Zhao 等[120]发展了一种简便模型来考虑荷尘量对非稳态布袋除尘器除尘性能的影响，该模型把纤维和包裹在其中的颗粒看作一个整体（当量纤维），此时随着除尘过程的进行，纤维层中的荷尘量不断增加，当量纤维的直径 d_{f}' 和纤维层的当量填充密度 α_{f}' 也逐渐增大，把 d_{f}' 和 α_{f}' 分别取代稳态除尘效率公式中的 d_{f} 和 α_{f}，即得到非稳态除尘效率，非稳态除尘过程的压降模型也类似处理。压降或捕集效率与荷尘量之间的经验关系如下所示：

$$\begin{cases} \Delta P = 64\mu Ud\,\dfrac{(\alpha')^{3/2}[1 + 56(\alpha')^3]}{d_{\mathrm{f}}^2} \\[2mm] \eta = 1 - \exp\left(-\dfrac{4\alpha'\eta_{\mathrm{s}}'Z}{\pi(1-\alpha')d_{\mathrm{f}}'}\right) \\[2mm] \alpha' = K_{\mathrm{d}}^2\alpha;\ d_{\mathrm{f}}' = K_{\mathrm{d}}d_{\mathrm{f}};\ K_{\mathrm{d}} = (1 + W_{\mathrm{d}}/(\alpha\rho_{\mathrm{p}}Z))^{1/2} \end{cases} \tag{1.9}$$

式中，η_s'为相同条件下单纤维的捕集效率；K_d为荷尘系数；W_d为单位面积内荷尘量；a'和d'分别为当量填充率和当量直径；ρ_p为颗粒密度。

值得注意的是，该模型认为整个纤维层中各纤维的尘粒沉积量均匀分布，而实际上，有实验表明，表面纤维层的沉积量较深层纤维层的沉积量更大[121]，所以该模型本身即存在一定程度的误差。

整体而言，由圆形纤维组成的纤维过滤器的过滤过程已经得到了比较全面的研究，也有一些公式可用来计算过滤器捕集效率和压降。这些公式已经得到了验证，且在工程实际中得到了应用。但是，由于除尘过程中颗粒的沉积和堵塞还会造成捕集效率和系统压降的动态变化，气流中悬浮颗粒的过滤过程十分复杂。传统的方法一般只能得到一些经验或者半经验的公式来计算捕集效率和压降[103]。

1.3.2　异形纤维捕集颗粒物的研究进展

随着制造技术以及材料科学的不断发展，纤维过滤器中的纤维已经可以做成许多不同的截面形状，在常规的圆形纤维之外，还有如截面为矩形、椭圆甚至三角形、三叶形、四叶形、"+""T"等非圆的异形截面纤维[5,122-125]。相比于传统的圆形纤维，当体积分数相同时，异形纤维有更大的比表面积，在捕集效率、机械强度和颗粒载荷能力等方面可能更有优势[101]，对于异形纤维的研究和使用也越来越受到人们的重视与关注。例如一家名为 REEMAY 的公司就推出了一系列商业应用的三叶形纤维[126]。

在这些不同的截面形状的纤维中，对于矩形截面和椭圆截面纤维，已经有不少学者通过理论分析或者数值模拟手段进行了研究。有些学者已使用理论分析或者数值模拟的方法研究了正方形或者矩形纤维周围流场和压降，已有工作包括：Brown[99]、Fardi 和 Liu[127]、Wang[128]、Ouyang 和 Liu[129]以及 Dhaniyala 和 Liu[130]对流场和压降的研究；Fardi 和 Liu[131]对扩散和拦截捕集效率的研究；Zhu 等[101]对惯性捕集效率的研究；Adamiak[132]，Cao 等[133]以及 Cheung 等[134]对静电场内过滤过程的研究。Fardi 和 Liu[127,131]第一次对矩形纤维的系统压降和扩散机制主导时的捕集效率进行了研究。Wang[128]采用本征函数展开及域分解的方法研究了包含多排矩形纤维的流场分布，还提出了单个正方形纤维所受曳力的经验公式。Ouyang 和 Liu[129]研究了矩形纤维的流场分布情况以及它的系统压降，主要考虑了放置角度以及矩形截面长宽比对系统压降的影响。Hosseini 和 Tafreshi[123]通过考察不同截面形状纳米纤维(滑移区流场)和微米级纤维(无滑移区流场)对捕集过程的影响，发现系统压降比捕集效率对纤维截面几何形状更加敏感。黄浩凯等[135]研究了当扩散机制占主导时矩形纤维的捕集过程和性能。

与正方形和矩形纤维相比较，椭圆纤维的捕集效率、压降及其周围流场的研究更加少。实际上，横截面形状为椭圆的纤维与常用的圆形纤维相比，每单位体积拥有更大的表面积，因而在捕集效率上比圆形纤维更加具有优势[136]。此外，椭圆纤维具有更加符合流线的形状，与正方形、矩形等其他形状纤维相比能表现出更小的压降[137]。

为了研究椭圆纤维的捕集效率和系统压降，需要获得椭圆纤维周围的流场信息。Kuwabara[138]最早使用 Oseen 近似方法计算了小雷诺数均匀流场内椭圆纤维周围速度场，并预测了纤维所受曳力和系统压降。Brown[99]计算了主轴平行或者垂直于来流方向放置的椭圆纤维阵列周围流体速度场和压降。Raynor[136]利用 cell 模型解析了椭圆纤维周围流场，并得到了纤维受到的曳力和升力的计算式。基于这些流场的研究，Raynor 等[136]提出了计算椭圆纤维扩散和拦截捕集效率的经验公式。Raynor 的研究表明：①纤维所受曳力在不同过滤条件下（纤维横截面长短轴之比（ε）、纤维填充率（α）、纤维放置方向与来流方向夹角（θ）变化范围达到了 4 个数量级；②单纤维拦截捕集效率主要取决于颗粒粒径、纤维填充率、长短轴之比以及纤维放置方向；③佩克莱数 Pe 数、纤维填充率和长短轴之比对扩散捕集效率有重要影响（通常高于圆形纤维），而纤维放置方向对扩散捕集效率影响不大。随后，Kirsh[139,140]同样研究了椭圆纤维的曳力和扩散捕集效率。Kirsh[140]认为 Raynor 提出的椭圆纤维所受曳力的计算公式存在问题，他使用 Stokes 近似的方法研究了椭圆纤维周围流场，发现即使是长短轴之比 $\varepsilon=10$ 的情况下，不同放置角度下纤维所受曳力变化范围在两倍之内。最近，Wang 等[141]基于茹科夫斯基变换计算了单椭圆纤维周围势流速度场，进而研究其拦截捕集效率，发现椭圆纤维提高了大颗粒的拦截捕集效率。黄浩凯等[142]使用格子玻尔兹曼元胞自动机(LB-CA)概率模型来研究扩散机制下的颗粒在椭圆纤维上的生长过程，并定量分析动态压降和捕集效率随沉降颗粒数增多的变化情况，并发现椭圆纤维的捕集效率是沉积颗粒质量的线性函数。Wang 和 Pui[143]计算了二维错列椭圆纤维在扩散、拦截、惯性捕集机制主导下的捕集效率，但是只考虑了椭圆主轴与来流方向平行的情况。他们发现系统压降随长短轴比的增大呈现出先下降后升高的趋势；长短轴之比较小的粗钝纤维在拦截和惯性主导时对大颗粒的捕集更加有效，而细长纤维则对于扩散能力较强的小颗粒的捕集效果更好。

目前，对于上述的这两种异形纤维之外的非圆截面纤维的研究相对较少。这些研究包括但不限于：Lamb[122]通过理论分析和实验研究了三叶及四叶形纤维的捕集效率，结果表明，它们的捕集效率高于圆形纤维；Sanchez[5]利用实验研究了三叶形聚酯亚胺纤维对煤粉颗粒的捕集效率；Fotovati 等[126]对随机排布的三叶形纤维的系统压降进行了研究，并利用等效直径代入原有的圆形纤维系统压降的公式来计算三叶形纤维的系统压降。Wang 等[6]对几种不同截面纤维的捕集颗粒过程进行了研究，并定性比较了这几种纤维的捕集性能差别。

总之，纤维的截面形状对过滤器的系统压降及捕集效率有很大影响。尤其是当扩散机制(颗粒粒径小于 0.5μm)主导时，异形纤维的比表面积大于相同体积分数的圆形纤维，因此有更高的扩散捕集效率。然而，不同截面形状和不同的放置角度对纤维捕集细颗粒性能的具体影响还不是十分清楚，并且缺乏对应的经验公式来计算不同截面形状的异形纤维的捕集效率和系统压降。

1.3.3　纤维非稳态捕集颗粒物的研究进展

根据以上介绍可知，传统的纤维过滤的研究与公式大部分都是关于清洁工况下的纤维捕集效率和系统压降。清洁工况仅仅存在于捕集颗粒过程的初始阶段，可以看作稳态捕集，但持续时间非常短。在实际的颗粒捕集过程中，随着被捕集的颗粒在纤维表面沉积，会慢慢形成树枝状的颗粒枝簇，从而改变纤维周围的流场分布，并且增加捕集面积，导致捕集效率以及系统压降的动态变化。

目前已经有了一些关于纤维非稳态捕集方面的研究。Billings[144]是第一个通过实验研究纤维非稳态捕集的研究者，他通过 SEM 照片来观察颗粒枝簇生长的现象，得到了单纤维捕集效率随沉积量的增加而增加的规律，并给出了捕集效率与沉积颗粒数目的表达式。Payatakes 和 Tien[119]研究了在 Kuwabara 流场中纤维表面链状颗粒团聚体的生长过程，为了减小模拟的复杂性，他们仅仅考虑了拦截机制主导下的捕集情况。Kanaoka 等[145]通过 Monte Carlo 模拟，研究了捕集颗粒的沉积过程，并且提出了一个表达式来描述拦截和惯性机制主导时的标准化效率的变化规律。Myojo 等[146]用实验方法验证了 Kanaoka 等对于拦截和惯性机制主导时纤维非稳态捕集结果，并且发现，捕集效率对于斯托克斯数的变化比拦截系数的变化更为敏感。Kanaoka 和 Hiragi[147]之后提出了描述非稳态捕集时系统压降的动态变化规律的公式。Thomas 等[121]将纤维过滤器分解成由若干沉积颗粒和纤维构成的切片，提出了新的公式来计算系统压降的动态变化。钱付平等[38]利用离散元法(discrete element method，DEM)，模拟了多纤维时的颗粒枝簇结构以及不同工况下的动态捕集效率。Kasper 等[148]用实验方法研究了不同斯托克斯数和不同拦截系数时，单纤维捕集效率的动态变换规律。

上述的研究结果都表明了沉积颗粒形成的枝簇结构对于纤维捕集效率和系统压降有巨大影响，但是，几乎很少有人研究异形纤维非稳态捕集颗粒物的过程。异形纤维表面沉积颗粒形成的枝簇结构，以及捕集效率和系统压降的动态变化规律都尚未被人们所了解和熟悉。

1.3.4　静电增强纤维过滤技术的研究进展

为了进一步提高细颗粒物的捕集效率，需要对静电增强纤维过滤技术进行研究。研究者已经从不同的方面对静电作用进行了研究，具体包括对来流的颗粒物进行预荷电、施加外加电场和使纤维荷电或极化等措施及其组合形式。下面对这方面的研究成果进行介绍。

Henry 和 Ariman[149]对多排纤维在外加电场情况下捕集颗粒的效率和系统压降进行了理论研究。对不同的流场、电场与纤维分布角度的关系进行研究,发现在 30°时计算的理论捕集效率与实验结果最为吻合,但所有计算的得到的系统压降均大于实验结果。Kao 等[150]研究了外加电场存在下,考虑拦截、惯性碰撞和静电力作用时的带电颗粒运动轨迹,并用模拟和实验的方法求得了规则排列纤维的捕集效率,结论表明,模型预测和实验结果非常吻合。Wu 等[151]用理论方法研究了圆形纤维在均匀电场中,捕集拦截机制范围内的带电颗粒的效率,并分析了电场系数、拦截系数、流场速度和纤维介电常数对捕集效率的影响。Adamiak[132]模拟了中性颗粒在外加电场和惯性碰撞作用下在矩形纤维上的沉积轨迹,模拟结果表明不同斯托克斯数、雷诺数和电场强度都会对捕集效率产生影响。Park[152]研究了外加电场存在且忽略扩散作用时,纤维非稳态捕集带电颗粒的效率,比较了有无外加电场对沉积颗粒枝簇形状的影响。李水清等[153]提出了一种边界元和快速多级展开的方法,从场的角度计算了带电颗粒之间的静电作用,并运用到 DEM 方法中,他们利用该方法模拟了在外加电场存在时,带电颗粒的沉积过程和颗粒枝簇形状。

当纤维极化或带电时,一般都称之为驻极体纤维。驻极体指的是能够较长时间储存偶极电荷和真实电荷的电介质材料。驻极体纤维根据所带电荷的不同分为两类:带真实电荷(正极或负极电荷)的单极性驻极体纤维(unipolar charged fiber),带偶极性电荷的偶极性驻极体纤维(bipolar charged fiber)。Pich 等[154]利用理论分析的方法,对偶极性驻极体纤维捕集带电和中性颗粒的效率进行了计算,并把研究结果与实验结果进行了对比。Baumgartner 等[155]用实验方法,研究了偶极性驻极体纤维过滤器捕集 10nm 到 10μm 粒径范围内的带电颗粒的效率变化规律,结果发现,驻极体纤维过滤器的捕集效率在不同工况下均大于传统纤维过滤器。Walsh 等[156]研究了颗粒粒径大小对偶极性驻极体纤维过滤效率和颗粒沉积速度的影响。Kanaoka[157]利用随机模型模拟了偶极性驻极体纤维捕集颗粒的非稳态过程,比较了颗粒带电或不带电时,在驻极体纤维表面形成的颗粒枝簇形态的差别,并分析了颗粒荷电状态对驻极体纤维效率的影响。Oh 等[158]利用模拟方法预测了单极性驻极体纤维的捕集效率以及颗粒枝簇结构的形态,模拟的颗粒为亚微米颗粒,考虑了布朗扩散和静电力对捕集效率和沉积形态的影响。Cheung 等[133]对偶极性矩形驻极体纤维捕集颗粒物的过程进行了数值模拟,分别得到了带电颗粒和中性颗粒在驻极体纤维周围的运动轨迹,结果表明,当流速较低时,矩形驻极体纤维在静电和扩散机制作用下有较高的捕集效率。Lantermann 和 Hanel[159]利用格子 Boltzmann 方法模拟了单极性驻极体周围的流场和电场分布,用 Monte Carlo 方法模拟了带电颗粒运动,除了静电作用外,还考虑了布朗力和范德华力,该模型可以用来处理复杂的边界条件。

上述的研究结果都表明，静电作用对于纤维过滤器捕集颗粒的有非常明显的增强作用，尤其是对于细颗粒物而言。然而从研究进展中也可以发现，除了常规的圆形截面纤维以及矩形纤维之外[133,134]，几乎没有人对其他截面形状的异形纤维(含椭圆纤维)在静电作用下捕集颗粒的过程进行研究，包括常见的椭圆纤维在内。

1.4　纤维除尘器捕集颗粒物的数值模拟方法

大至电厂的布袋除尘器，小到口罩，都可以抽象为颗粒在重力、流场力、电场力下的迁移运动的复杂两相流问题，这方面的基础研究势必能够解释过滤器效能的影响因素和过滤的微观机制，进而推动新型的颗粒控制技术的研发。流体力学的基本研究方法有理论分析、实验研究、数值模拟。纤维过滤作为一个经典的气固两相流研究对象以及与实际生产和生活紧密相关的研究课题，20 世纪早期开始至今一直有众多学者致力于此。早期比较注重理论分析，如 1.3.1 节所述；中期比较注重理论分析和实验研究的结合；而最近几十年来随着数值模拟的大力发展，越来越多的研究关注纤维过滤的数值模拟，以及模拟与实验、理论分析的结合来理解过滤的微观、介观细节信息，并服务于过滤器的设计和优化。

实验测量有助于理解复杂的颗粒捕集过程，也可用于验证经验/半经验公式和/或理论公式、检验数值模拟结果等。随着各种测量设备的发展，不同工作条件下纤维过滤器的压降、捕集效率[98]甚至是定性的沉积形态、随荷尘量变化的沉积结构都可以通过直接测量得到[160]。Lee 和 Liu[98]研究了纤维对颗粒物的捕集效率。实验得到的结果与已有理论[110,112]进行定量对比，发现考虑相邻纤维之间干扰的影响时理论预测与实验结果吻合。同时发现了最大穿透率时颗粒大小与来流速度的关系：速度从 1~300cm/s 时，最大穿透率的颗粒直径 1μm 减小到 0.03μm。随后他们又从理论方面，对扩散捕集效率和全效率的公式进行研究[111]，比较各种简化方法，从已有的许多理论或者经验公式中筛选出了与他们的实验结果更吻合的公式。

李淳等[161]选用不同组织、密度、捻度的涤纶长丝过滤布，通过测定其介质阻力系数值来研究其过滤布阻力特性，说明织物和纱线的结构对滤布的过滤性能重要影响。经过分析得出：随着织物经、纬密度的增加，滤布的过滤阻力逐渐增大；随着织物经、纬纱捻度的增加，滤布的过滤阻力逐渐减小；平纹组织的阻力最大，斜纹的阻力最小。Jaganathan 等[162]使用数字容积成像(Digital volumetric imaging, DVI)技术，获得了水缠绕无纺布的三维图像，计算并讨论了局部渗透率。Zobel 等[163]考虑了纤维过滤介质压延时的流场。

尽管研究者们对纤维过滤的理论分析和实验研究均取得了巨大的成就，但是纤维过滤过程涉及微尺度的颗粒与流场的相互作用、颗粒之间的碰撞过程、颗粒与捕集体之间的碰撞过程以及沉积体的形态变化及对于流场的动态影响过程，是一个十分复杂的多场、多体、多尺度问题，理论分析的作用有限，实验方法难以得到微观细节，而数值模拟方式能够提供更加丰富的动态变化过程的信息，有助于人们更加深入的了解这一物理问题。

1.4.1 常规数值模拟方法

要进行布袋除尘器捕集颗粒的数值模拟，必须确定一个合适的气固两相流模型，该模型必须能够解决纤维捕集颗粒过程中的难点，如多样的捕集机制、变化的边界条件等。目前已有的气固两相流模型一般可以分为双流体模型(欧拉—欧拉模型)和流体—轨迹模型(欧拉—拉格朗日模型)。一般而言，由于欧拉—拉格朗日模型能够得到颗粒的详细历史信息、轨迹和颗粒的内部结构，因此在考虑颗粒—流体、颗粒—颗粒间的相互作用以及多组分、多分散颗粒时比欧拉—欧拉模型更有优势。

传统的模型都是在宏观层面上计算气固两相流场，对于小尺度的信息(颗粒尺度等级)一般使用某种近似的假设而不是直接的模拟[164]。一方面，对于某些已广泛应用的湍流理论(如基于雷诺平均 Navier-Stokes 方程(Reynolds-averaged navier-stokes，RANS)的方法)来说，难以考虑涡旋结构和涡旋变形带来的影响[165]。并且，如果模型是基于 Navier-Stokes(NS)方程，那就意味着连续性假设必须得到满足，也就是说，该模型不适合或者不能够用于模拟属于过渡区、自由分子区甚至是滑移区的流场。另一方面，分子动力学(molecular dynamics，MD)、气体动理学理论(如求解 Boltzmann 方程的方法和直接模拟蒙特卡洛方法)和直接数值模拟可以实现对流场的介观/微观层次数值模拟或对流场多尺度结构的全解析，但所需的计算代价巨大。尽可能简化分子运动的物理描述是减少微观/介观模拟计算代价的重要手段。

对于颗粒相运动的模拟，大致可以分为两大类：①把颗粒视为有几何边界的对象的全解析颗粒流模拟或者直接数值模拟；②把颗粒视为点源的非解析数值模拟方法。近十几年，随着计算机硬件的提升和数值方法的进步，颗粒全尺度直接数值模拟取得了快速的发展。该方法无须耦合曳力模型，仅需将颗粒与流体间的剪切作用在颗粒表面上积分即可准确求解相间作用力，因而被认为是既可用来研究实验室难以测量的颗粒流体系的微观机理，又可通过数据总结出规律或模型，改进传统的双流体模拟或离散元模拟，更好地解决生产实际问题[166]。

全解析颗粒流动过程中，为了准确计算颗粒附近的流场，计算区域需要十分精细的网格刻画，通过对颗粒表面进行应力积分，可以计算颗粒的受力状态，代入颗粒运动方程对颗粒的运动状态进行更新，缺点是边界的形状十分复杂，难以准确实现边界条件，并且计算需要的网格数量很多，对硬件资源的要求极高。对于大规模的颗粒流动，常采用非解析模拟方法，颗粒的受力通过将颗粒速度及插值得到的颗粒中心处的流体速度代入经验公式计算。在颗粒体积浓度较低时，可以采用单向耦合进行计算，认为流体受的颗粒作用力十分微弱，当颗粒浓度增加时，必须采用双向耦合算法来考虑流体收到的反作用力。

当流动中存在颗粒碰撞时，均需要耦合颗粒碰撞模型来封闭计算，此时碰撞模型的准确度将会对全尺度模拟结果产生重要影响。目前已有研究者[166-170]全尺度计算过数百甚至上千颗粒的流化或沉降过程。虽然这些模拟能捕捉颗粒间的吸引-碰撞-翻转、数百甚至上千颗粒的流动不稳定性、床层压力脉动及颗粒群的复杂运动等现象，但都缺乏对碰撞模型适用性和准确度的定量验证与分析。有部分研究者[171-173]利用全尺度方法模拟黏性流体中的颗粒碰撞，此问题的难点在于如何准确地捕捉碰撞过程中不可忽视的流体黏性作用力。而对于气固多相流，气体的黏性和密度很小，流体黏性力相较于颗粒本身的惯性力而言可以忽略，因此气体中的碰撞要比黏性流体中的碰撞简单，属于干碰撞[173]。

碰撞模型全尺度模拟中，常应用的碰撞模型有润滑力模型、短程反冲力模型、硬球模型和软球模型等。润滑力模型适用于流体黏性大、流体对颗粒的黏性作用不可忽略的情况。由于该模型是通过求解相互靠近的颗粒间的流体对颗粒产生的力来间接地反映颗粒间的作用力，准确计算此作用力须要求颗粒间的流场网格足够细密，故在利用此模型求解碰撞须根据颗粒间的距离实时的重构网格，增加了计算消耗。短程反冲力模型克服了这一缺点。它允许在不改变流场网格的情况下求解颗粒碰撞，但它只考虑了颗粒的法向受力而忽略了切向力。硬球模型假设颗粒的碰撞是在瞬间发生并完成的，由颗粒碰撞前的速度结合动量和能量方程及库仑摩擦定律便可求出颗粒碰撞后的速度。硬球模型参数简单，能够处理颗粒间剧烈的碰撞，例如干碰撞，但它只允许二元碰撞，不适于处理局部颗粒载率高、碰撞频繁的流动。软球模型认为颗粒碰撞是一个随时间发展的过程，其物理模型相当于一组弹簧-阻尼器-滑块，考虑了固体颗粒碰撞时的弹性作用、缓冲作用、摩擦滑移、滚动和锁闭[169]。软球模型虽比硬球模型复杂，但它可处理多元碰撞，允许颗粒间的轻微重叠，因而更适合求解颗粒间作用相对连续的密相流动，是目前全尺度模拟密相流动最合适的选择。

对于满足不同粒径分布(高斯分布、对数正态分布、单分散分布等)的不同大小颗粒(纳米、亚微米、微米颗粒等)，被不同纤维布置方式下(并列、错列、随机分布等)微米或纳米纤维捕集过程，气固两相流数值模拟已有一定发展，包括二维和三维模拟。Tafreshi 等[174]首次用一个三维模型来研究捕集效率和压降，并与原有的二维理论进行比较，并研究了来流速度、纤维体积分数等对捕集效率的影响。研究颗粒的运动时，使用拉格朗日方法，考虑曳力和随机布朗运动(假设一个随机布朗力)。Tafreshi 等[175]研究了不同捕集条件下自由分子区流场内纤维的捕集效率和压降。Dunnetta 和 Clement[176]发展了数值方法(边界有限元方法模拟二维流场，使用和 Stechkina 与 Fuchs 相同的方法描述颗粒场)，计算扩散和拦截机制下的颗粒沉积过程。

目前的数值模拟工作大都只考虑清洁纤维工况。实际上在捕集过程中，颗粒不断在纤维表面沉积（下文称之为粘污工况），使得捕集介质（初始纤维以及沉积颗粒）填充率增大，导致捕集效率和系统压降的升高。Dunnett 和 Clement[102,177,178]研究了沉积颗粒扩散对捕集效率的影响，颗粒的捕集机制包括了惯性拦截、重力沉降、布朗扩散，计算结果阐述了扩散主导下沉积层的生长过程，并且分别从清洁纤维和沉积纤维两方面与原有理论进行比较，发现沉积层的生长使得纤维对颗粒的捕集效率得到增加。Steffens 和 Coury[179,180]针对均匀纤维和非均匀纤维的拦截和扩散效率进行研究，发现对于均匀纤维实验结果比理论值要高，主要原因是沉积颗粒增大了捕集范围，通过修正拦截半径，解决了这一误差。

计算流体力学（computational fluid dynamics，CFD）软件的不断发展对于纤维捕集颗粒物过程的数值模拟也有很大的促进作用。Tafreshi 等[181]分别利用三维模型和一维宏观尺度模型研究了纤维过滤器的捕集效率，发现一维宏观尺度模型也可以比较准确地模拟捕集效率和压降，并且模拟速度很快。Hosseini 等[182,183]研究了二维和三维模型下不同机制的捕集效率，同样与之前理论结果进行了对比。Soltani 等[184]先利用 X 射线方法得到真实过滤器的三维结构，然后利用 CFD 技术对该三维结构建模，并模拟了真实纤维过滤器的捕集性能，结果发现，体积分数和纤维放置角度都会对捕集效率产生影响。

总之，由于布袋除尘器过滤过程包含了多种捕集机制（布朗扩散、拦截捕集、惯性捕集以及其他外力作用下的捕集机制，如重力沉降、静电捕集等）以及复杂的流体—颗粒—纤维间的相互作用，并且除尘过程中颗粒的沉积和堵塞还会造成捕集效率和系统压降的动态变化，含尘气流中悬浮颗粒的过滤过程十分复杂。虽然人们在数值模拟方面取得了显著的进展，但仍有较大的发展空间，如尚缺乏该过程介观角度的细节信息，而理解不同尺度、受不同机制主导的细微颗粒物的运动轨迹和沉积过程，对于布袋纤维的合理设计（如纤维排列方式和纤维层配置方式、纤维填充密度和纤维直径的选择等）非常重要。

1.4.2　格子 Boltzmann 气固两相流模拟方法

在真实的颗粒捕集过程中，由于颗粒在纤维表面的沉积使得流场内部结构发生变化，这给常规的数值模拟方法带来了巨大困难。发展一个可靠气固两相流模型的关键在于：①要有一个准确的流体模型，能够捕捉流场内的详细信息并且能够处理复杂的边界条件；②合适的颗粒运动模型，能够描述离散相的复杂变化；③能够依据离散相占连续相的体积分数（Φ_v）和质量载荷（Φ_m）灵活处理相间作用。

从 20 世纪 80 年代开始发展起来的元胞自动机（cellular automata，CA）、格子气自动机（lattice gas automata，LGA）和格子波尔兹曼方法（lattice Boltzmann method，LBM) 是具有一些独特的优点。这些基于格子的方法依照在介观层面上离散的虚拟流体颗粒的动力学模型模拟宏观连续流体，这些离散颗粒在规则的网格点上运动并且相互碰撞，而流体的宏观特征可以使用离散颗粒的信息通过统计的方法得到。格子方法由于其本身具有物理图形清晰、模型简单、天生的并行性以及能够处理复杂变化的边界条件这些优点，已经得到了广泛的关注。尤其是LBM 在处理动态边界条件上的优势使其更加适合用于模拟颗粒捕集过程，特别是模拟复杂边界条件和动态变化的边界条件。基于气体动力学理论，LBM 将流体颗粒密度分布函数的演化代替了 CA、LGA 中流体颗粒数目浓度的演化过程[185]，因而克服了 CA、LGA 方法中固有的统计噪声，减少了碰撞算子的复杂程度，保持了伽利略不变性。此外，LBM 具有更高的自由度(如流体黏度，在 LBM 中是个自由变量，而在 LGA 中由碰撞法则确定)，且比 LGA、CA 更有效。

到目前为止，LBM 已经逐渐取代了 LGA 和 CA 来模拟流场[186]。尽管如此，值得注意的是，LGA 和 CA 仍然具有特殊的优点，例如，LGA 和 CA 方法追踪非负的布尔变量，表现出比 LBM 更好的数值稳定性；LBM 来源于波尔兹曼方程且基于分子混沌假设，不能够考虑多体碰撞以及保持追踪流体颗粒之间的关系，因此不能得到流体的微观脉动[187]。

根据描述颗粒的不同方法(Lagrangian 跟踪或者概率方法)和颗粒数值处理的不同(全解析或者点源颗粒)，有三种基于 LBM 的气固两相流方法，分别为 Lagrangian 点源跟踪方法、Lagrangian 全解析颗粒跟踪方法和元胞自动机概率方法。

Lagrangian 点源跟踪方法(下文中称为 LB-Lagrangian 方法)将颗粒视为不占体积的点源，每个颗粒的运动直接由 Lagrangian 方法计算运动方程得到，并且考虑颗粒的真实受力如流体曳力、重力等。这种点源假设在颗粒粒径较小时是合理的[164]。这种方法已经成功用于模拟过滤器中颗粒的沉积过程[159,188]以及后台阶气固两相流[189,190]。Filippova 和 Hänel[188]首次运用格子 Boltzmann 两相流模型(格子 Boltzmann 方法模拟流场，Lagrangian 跟踪方法计算颗粒运动)来模拟纤维除尘器中颗粒沉积过程。需要注意的是，LB-Lagrangian 方法中离散相的颗粒与流体的虚拟颗粒不是基于同样的网格(即固体颗粒往往不在流体的网格点上)，因此可能会失去 LBM 原有的并行性，且难以考虑颗粒与流体之间的相互耦合。

Lagrangian 全解析颗粒跟踪方法将颗粒视为具有一定体积、几何边界的对象。此时颗粒处理为质点，颗粒与其周围流体的相互作用通过统计流体与颗粒表面碰撞前后的动量变化来得到[186,191]。这种方法能够高分辨率地描述复杂的悬浮颗粒，从真实的角度来研究复杂的流体和颗粒间的相互作用，为宏观模拟提供基本参数乃至本构关系。然而，这种方法也会导致巨大的计算代价，比如很难模拟超过10000 个颗粒的悬浮流，因此颗粒数目更大的工程问题仍然不能得到解决[118]。

元胞自动机概率方法基于以下思想：离散的点源颗粒被限制在与 LBM 模拟

的流体颗粒相同的网格点上运动；某个网格点的颗粒状态用一布尔变量表示(类似CA[192]、LGA[193]方法)且允许一个网格点上存在任意数目的颗粒；在一个时间步长之内，颗粒可以运动到相邻的网格或者停留在原来网格点，这取决于颗粒的运动概率；颗粒的运动概率受到外力影响，如流体曳力、重力等。因此，该方法被称为元胞自动机概率方法。由于连续相的流体和离散相的颗粒都使用同一个网格系统来模拟，这种方法具有便于处理动态边界条件、良好的并行性、能够描述固体颗粒的微观运动机制(如沉积、坍塌、侵蚀)等优点。Chopard 和他的同事使用混合的 LB 和 CA 方法(下文称为 LB-CA 方法)描述了雪花在空气中的运动、沉积、坍塌和侵蚀等现象[118]以及沙层在水中的形态[117]。Gardoń 等[116,194]利用格子Boltzmann-元胞自动机概率(LB-CA)模型模拟了颗粒物在布袋除尘器中运动、沉积和重新飞散的过程。虽然，这些 LB-CA 方法通过制定一些简单直观的规则，为描述颗粒运动行为的复杂机制提供了方法，但是这些规则往往是经验或者假设得到的，例如，决定颗粒运动概率的颗粒与流体的时间步长之比被认为是某个常数，且根据模拟对象不同而不同[116,194,195]。在这种情况下，模型对流体影响颗粒运动的描述就不够严谨甚至会导致错误。

1.4.3 宏观数值模拟方法

宏观数值模拟指基于已有除尘效率和压降等公式预测或分析除尘器整体性能指标，一般并不考虑对纤维过滤气固两相流场的数值模拟，而是利用已有相关公式来得到纤维在捕集过程中的效率、压降随时间的变化，也可定量获得了颗粒尺度在除尘器中的演变过程，从而描述除尘器对烟尘颗粒的捕集过程。该模拟方法简单直接，在工程上应用广泛。

1.5 本书的主要结构及内容

如前所述，细颗粒物(PM$_{2.5}$)对环境以及人类健康都有很多危害，提高细颗粒物的捕集效率是研究除尘技术的关键所在。本书主要利用 LB-CA 模型来模拟纤维捕集细颗粒物过程，并基于数值模拟结果提出了若干系统压降和扩散捕集效率的拟合公式。异形纤维由于其比表面积大于同体积分数圆形纤维的特点，相比于传统的圆形纤维过滤器，对细颗粒物(尤其是扩散机制主导范围内的细颗粒物)有更大捕集效率，本书对不同截面形状的异形纤维的捕集性能进行对比，并进一步对捕集性能最好的椭圆纤维进行非稳态捕集细颗粒的研究，得到扩散机制主导时，椭圆纤维表面颗粒枝簇的生长过程与形态结构，以及系统压降和捕集效率随沉积颗粒质量的动态变化规律。为了更接近真实过滤过程，将模型从二维扩展到三维，模拟了圆柱和椭圆截面纤维非稳态捕集颗粒的系统压降、效率动态变化特性。为了进一步提高细颗粒物的捕集效率，还模拟了单极性的椭圆驻极体纤维捕集细颗粒物时捕集效率。

本书内容共分 9 章。

第 1 章介绍了细颗粒捕集技术、纤维过滤机理、纤维过滤器捕集颗粒物的研究现状。

第 2 章重点介绍了模拟气固两相流的格子 Boltzmann-元胞自动机概率（LB-CA）模型，并详细描述了颗粒-流体相互作用的双向耦合、四向耦合的相关模拟方法，利用一些经典工况或理论分析解对相关模型的精度进行验证。

第 3 章利用 LB-CA 模型对清洁的圆形截面纤维模型捕集颗粒物性能进行模拟，研究了清洁工况下错列、并列两种纤维布置方式（不同的纤维填充率以及纤维排列间距等）对捕集过程的影响。

第 4 章重点关注异形纤维（椭圆、矩形、三叶形、四叶形、三角形等截面形状），利用 LB-CA 模型研究异形纤维捕集颗粒物的性能，并提出系统压降和捕集效率的拟合公式，研究异形纤维几何结构、放置角度等对捕集性能的影响，以及横向比较不同异形纤维的性能参数。

第 5 章则从清洁过滤工况扩展到了粘污工况，即考虑纤维上动态生长的颗粒枝簇，以及这些枝簇对细颗粒物的捕集效果。利用 LB-CA 模型系统研究了单圆柱纤维、多排圆柱纤维以及椭圆截面纤维的非稳态除尘过程。

第 6 章把基于 LB-CA 模型的纤维过滤模拟从二维进一步扩展到三维，模拟单圆柱和椭圆截面纤维及其两正交圆柱纤维非稳态捕集颗粒的系统压降和捕集效率的动态变化特性，并详细讨论沉积颗粒形成的枝簇结构的生长过程及其结构（孔隙率）。

第 7 章利用 LB-CA 模型研究单极性的椭圆驻极体纤维捕集细颗粒物的捕集效率，分析颗粒粒径、椭圆驻极体纤维长短轴、流体入口速度、颗粒和纤维的带电量对细颗粒物捕集效率的影响。

第 8 章利用已有的纤维过滤公式对静电增强布袋除尘器的非稳态除尘过程进行宏观模拟，定量获得烟尘颗粒尺度谱在除尘器中的演变过程。

第 9 章对全书内容进行总结与展望。

参 考 文 献

[1] 张东晖. 关于大气污染防治措施的探析[J]. 建筑工程技术与设计, 2015, (14).

[2] 吴善兵. 我国 PM$_{2.5}$ 的组成来源及控制技术综述[J]. 海峡科学, 2013, (9): 28-30.

[3] 戴海夏, 宋伟民. 大气 PM$_{2.5}$ 的健康影响[J]. 国外医学:卫生学分册, 2001, 28(5): 299-303.

[4] 吴忠标. 大气污染控制工程[M]. 科学出版社, 2002.

[5] Sánchez J R, Rodríguez J M, Alvaro A, et al. The capture of fly ash particles using circular and noncircular cross - section fabric filters[J]. Environmental Progress & Sustainable Energy, 2007, 26(1): 50-58.

[6] Wang K, Zhao H. The influence of fiber geometry and orientation angle on filtration performance[J]. Aerosol Science & Technology, 2015, 49(2): 75-85.

[7] 董芃, 李军, 翟明, 等. 湿式除尘器在运行中存在问题分析[J]. 电站系统工程, 2006, 22(6): 29-30.

[8] 熊桂龙, 李水清, 陈晟, 等. 增强 $PM_{2.5}$ 脱除的新型电除尘技术的发展[J]. 中国电机工程学报, 2015, 35(9): 2217-2223.

[9] 赵海波. 颗粒群平衡模拟的随机模型与燃煤可吸入颗粒物高效脱除的研究[D]. 华中科技大学, 2007.

[10] 郝吉明, 马广大. 大气污染控制工程(第二版)[M]. 北京: 高等教育出版社, 2002.

[11] 向晓东, 陈旺生, 幸福堂, 等. 交变电场中电凝并收尘理论与实验研究[J]. 环境科学学报, 2000, 20(2): 187-191.

[12] Watanabe T, Tochikubo F, Koizumi Y, et al. Submicron particle agglomeration by an electrostatic agglomerator[J]. Electrostatics, 1995, 34: 367-383.

[13] Kildes J, Bhatia V K, Lind L, et al. An experimental investigation for agglomeration of aerosols in alternating electric fields[J]. Aerosol Science & Technology, 1995, 23: 603-610.

[14] Lehtinen K E J, Jokiniemi J K, Kauppinen E I. Kinematic coagulation of charged droplets in an alternating electric field[J]. Aerosol Science & Technology, 1995, 23(3): 422-430.

[15] Tiwary R, Reethof G. Numerical simulation of acoustic agglomeration and experimental verification[J]. Journal of Vibration, Acoustics, Stress, and Reliability in Design, 1987, 109(22): 185-191.

[16] Rodríguez-Maroto J J, Gomez-Moreno F J, Martín-Espigares M, et al. Acoustic agglomeration for electrostatic retention of fly-ashes at pilot scale: influence of intensity of sound field at different conditions[J]. Journal of Aerosol Science, 1996, 27(suppl.1): S621-S622.

[17] 姚刚, 盛昌栋, 杨林军, 等. 燃烧超细颗粒声波团聚的谱分布数值模拟[J]. 燃烧科学与技术, 2005, 11(3): 273-277.

[18] 姚刚, 沈湘林. 基于分形的超细颗粒声波团聚数值模拟[J]. 东南大学学报(自然科学版), 2005, 35(1): 145-148.

[19] 袁竹林, 凡凤仙, 姚刚, 等. 声波对悬浮 $PM_{2.5}$ 作用的数值模拟与实验研究[J]. 燃烧科学与技术, 2005, 11(4): 298-302.

[20] 袁竹林, 李伟力, 魏星, 等. 细微颗粒在行波和驻波声场中运动特性数值实验[J]. 东南大学学报(自然科学版), 2005, 35(1): 140-144.

[21] 袁竹林, 李伟力, 魏星, 等. 声波对悬浮 $PM_{2.5}$ 作用的数值研究[J]. 中国电机工程学报, 2005, 25(8): 121-125.

[22] 凡凤仙, 袁竹林. 外加声场对增加 $PM_{2.5}$ 碰撞几率的数值模拟研究[J]. 中国电机工程学报, 2006, 26(11): 12-16.

[23] 郑世琴, 刘淑艳, 黄虹宾, 等. 用分形理论处理煤飞灰微粒在声场中的团聚现象[J]. 燃烧科学与技术, 1999, 5(2): 168-174.

[24] Ezekoye O A, Wibowo Y W. Simulation of acoustic agglomeration processes using a sectional algorithm[J]. Journal of Aerosol Science, 1999, 30(9): 1117-1138.

[25] Prakash K, Pratim B. Analytical expressions of the collision frequency function for aggregation of magnetic particles[J]. Journal of Aerosol Science, 2005, 36(4): 455-469.

[26] Yiacoumi S, Rountree D A, Tsouris C. Mechanism of particle flocculation by magnetic seeding[J]. Journal of Colloid and Interface Science, 1996, 184(4): 477-488.

[27] Tsouris C, Scott T C. Flocculation of paramagnetic particles in a magnetic field[J]. Journal of Colloid and Interface Science, 1995, 171(2): 319-330.

[28] 韩松, 赵长遂, 吴新, 等. 燃煤飞灰中可吸入颗粒物在磁场中聚并收尘试验研究[J]. 锅炉技术, 2006, 37(增刊): 12-15.

[29] 魏凤, 张军营, 王春梅, 等. 煤燃烧超细颗粒物团聚促进技术的研究进展[J]. 煤炭转化, 2003, 26(3): 27-31.

[30] 许世森. 细微尘粒的预团聚对旋风分离器高温除尘性能影响的实验研究[J]. 动力工程学报, 1999, 19(4): 309-313.

[31] 魏凤. 燃煤亚微米颗粒的形成和团聚机制的研究[D]. 武汉: 华中科技大学, 2005.

[32] 陈俊, 张军营, 魏凤, 等. 燃煤超细颗粒物喷雾团聚的模型[J]. 煤炭学报, 2005, 30(5): 632-636.

[33] Wei F, Zhang J, Zheng C. Agglomeration rate and action forces between atomized particles of agglomerator and inhaled-particles from coal combustion[J]. Journal of Environmental Sciences, 2005, 17(2): 335-339.

[34] 陈俊. 煤燃烧超细颗粒物喷雾团聚的实验研究[D]. 武汉: 华中科技大学, 2005.

[35] 杨林军, 颜金培, 沈湘林. 蒸汽相变促进燃烧源PM$_{2.5}$凝并长大的研究现状及展望[J]. 现代化工, 2005, 25(11): 22-24.

[36] Bologa A, Paur H, Wäscher T. Electrostatic charging of aerosol as a mechanism of gas cleaning from submicron particles[J]. Filtration & Separation, 2001, 38(10): 26-30.

[37] 黄斌, 姚强, 李水清. 静电增强脱除PM$_{2.5}$研究进展[J]. 电站系统工程, 2003, 19(6): 44-46.

[38] 钱付平, 张吉光, 张竹茜. 静电旋风分离器的研究现状与进展[J]. 过滤与分离, 2003, 13(1): 22-25.

[39] 魏名山, 马朝臣. 利用静电旋风除尘器捕集亚微米粒子的研究[J]. 环境工程, 1999, 17(6): 36-38.

[40] 魏章斌, 曾德金, 李济吾, 等. 用脉冲电旋风除尘器处理催化剂厂分子筛尾气[J]. 化工环保, 2004, 24(5): 344-346.

[41] 许世森. 移动颗粒层过滤高温除尘过程结构和参数优化实验研究[J]. 中国电机工程学报, 1999, 19(5): 13-17.

[42] 涂虹, 向晓东. 静电增强颗粒层除尘器除尘效率的理论与实验研究[J]. 武汉工程职业技术学院学报, 2001, 13(4): 1-6.

[43] Frederick E. Some effects of electrostatic charges in fabric filtration[J]. Air Repair, 1974, 24(12): 1164-1168.

[44] Lamb G E R, Constanza P A. Low-energy electrified filter system[J]. Filtration &Separation, 1980, 17(4): 319-322.

[45] Viner A, Greiner G, Hovis L. Advanced electrostatic stimulation of fabric filtration[J]. Air Repair, 1988, 38(12): 1573-1582.

[46] Thakur R, Das D, Das A. Electret air filters[J]. Separation & Purification Reviews, 2013, 42(2): 87-129.

[47] 殷平. 驻极体静电空气过滤器及其应用[J]. 建筑热能通风空调, 1999, (3): 20-21.

[48] 钱幺, 钱晓明, 邓辉, 等. 静电增强纤维过滤技术的研究进展[J]. 合成纤维工业, 2016, 39(1): 48-52.

[49] 刘功智, 邓云峰, 荣伟东, 等. 双极不对称预荷电静电增强过滤除尘技术的应用[J]. 中国安全科学学报, 2001, 11(6): 62-65.

[50] 赵钟鸣. 静电增强纤维除尘数学模型与应用的研究[D]. 沈阳: 东北大学, 1992.

[51] 荣伟东, 张国权, 刘功智, 等. 静电增强纤维层过滤技术的研究[J]. 中国安全科学学报, 1998, 8(1): 32-37.

[52] Laitinen A, Hautanen J, Keskinen J. Effect of the space charge precipitation on wet scrubber fine particle removal efficiency[J]. Journal of Aerosol Science, 1997, 28(1): 287-288.

[53] Metzler P, Weiß P, Büttner H, et al. Electrostatic enhancement of dust separation in a nozzle scrubber[J]. Journal of Electrostatics, 1997, 42(1-2): 123-141.

[54] Melcher J R, Sachar K S, Warren E P. Overview of electrostatic devices for control of submicrometer particles[J]. Proceedings of the IEEE, 1977, 65(12): 1659-1672.

[55] 王银生, 王英敏. 静电喷雾除尘适于微细粉尘的理论分析[J]. 东北大学学报(自然科学版), 1996, 17(3): 301-304.

[56] 李德文. 预荷电喷雾降尘技术的研究[J]. 煤炭工程师, 1994, 21(6): 8-13.

[57] 周佳. 小型静电水雾除尘器的研究与分析[D]. 北京: 北京科技大学, 2001.

[58] 陈鹏. 湿式静电除尘器除尘机理的研究[D]. 辽宁工程技术大学, 2002.

[59] 王静英. 小型静电除尘器的研究与应用[J]. 中国矿业, 1995, 4(6): 56-60.

[60] 冯森林. 振弦栅除尘在煤矿中的应用[J]. 矿业安全与环保, 2002, 29(增刊): 28-29.

[61] 苑春苗. 复合除尘器的实验研究与设计[D]. 东北大学, 2002.

[62] 刘鲲. 湿式振动栅除尘性能的研究[D]. 东北大学, 2002.

[63] 孙熙, 苑春苗. 旋风—湿式纤维栅除尘器[J]. 工业安全与环保, 2005, 31(1): 23-24.

[64] 吴琨. 荷电水雾振弦栅除尘机理与性能研究[D]. 北京化工大学, 2004.

[65] 吴琨, 王京刚, 毛益平, 等. 荷电水雾振弦栅除尘技术机理研究[J]. 金属矿山, 2004, (8): 59-62.

[66] 吴琨, 王京刚, 毛益平, 等. 荷电水雾振弦除尘器的性能研究[J]. 有色金属(矿山部分), 2004, 56(5): 46-48.

[67] 袁颖, 王京刚, 吴琨. 荷电水雾除尘器捕尘效率的实验研究[J]. 环境污染与防治, 2005, 27(1): 12-14.

[68] Chang R. COHPAC compacts emission equipment into smaller, denser unit[J]. Power Engineering, 1996, 100(77): 22-25.

[69] Miller C A, Srivastava R K, Sedman C B. Advances in control of $PM_{2.5}$ and $PM_{2.5}$ precursors generated by the combustion of pulverised coal[J]. International Journal of Environment and Pollution, 2002, 17(1-2): 143-156.

[70] 黄斌, 徐海卫, 姚强. 可压缩性颗粒层过滤实验研究[J]. 工程热物理学报, 2005, 26(5): 891-893.

[71] Huang B, Yao Q, Li S, et al. Experimental investigation on the particle capture by a single fiber using microscopic image technique[J]. Powder Technology, 2006, 163(3): 125-133.

[72] 王显龙, 何立波, 贾明生, 等. 静电除尘器的新应用及其发展方向[J]. 工业安全与环保, 2003, 29(11): 3-6.

[73] 顾中铸. 无电晕式高温高压静电除尘器应用基础研究[D]. 东南大学, 2001.

[74] Dors M, Mizeraczyk J, Czech T, et al. Removal of NO_x by DC and pulsed corona discharges in a wet electrostatic precipitator model[J]. Journal of Electrostatics, 1998, 45(1): 25-36.

[75] Altman R, Offen G, Buckley W, et al. Wet electrostatic precipitation: demonstrating promise for fine particulate control-part I[J]. Power Engineering, 2001, 105(1): 37-39.

[76] Altman R, Buckley W, Ray I. Wet electrostatic precipitation: demonstrating promise for fine particulate control-part II[J]. Power Engineering, 2001, 105(1): 42-44.

[77] David J, Bayless M, Khairul A, et al. Membrane-based wet electrostatic precipitation[J]. Fuel Processing Technology, 2004, 85(6-7): 781-798.

[78] Lanzerstorfer C. Solid/liquid-gas separation with wet scrubbers and wet electrostatic precipitators: a review[J]. Filtration & Separation, 2000, 37(5): 30-34.

[79] 李峰. 湿式电除尘器洗净水回用工艺研究[D]. 华东理工大学, 2002.

[80] Fan X, Schultz T, Muschelknautz E. Experimental results from a plate-column wet scrubber with gas-atomized spray[J]. Chemical Engineering and Technology, 1988, 11(1): 73-79.

[81] 周涛, 杨瑞昌. 应用微通道热泳脱除可吸入颗粒物的可行性研究[J]. 环境科学学报, 2004, 24(6): 1079-1083.

[82] 周涛, 杨瑞昌, 赵磊. 层流环形通道热泳脱除可吸入颗粒物技术研究[J]. 环境工程学报, 2005, 23(1): 33-35.

[83] 周涛, 杨瑞昌, 赵磊. 湍流环形通道热泳脱除可吸入颗粒物技术研究[J]. 环境工程学报, 2006, 7(3): 134-137.

[84] 陈松明, 颜幼平, 蓝惠霞. 高梯度磁分离除尘实验研究[J]. 环境工程学报, 2002, 3(6): 57-61.

[85] 颜幼平, 陈凡成, 吴昭俏, 等. 高梯度磁除尘的实验研究[J]. 电力环境保护, 2000, 16(1): 7-9.

[86] 杨林军, 颜金培, 沈湘林. 光催化防治燃烧源可吸入颗粒物研究展望[J]. 环境与可持续发展, 2006, 2006(3): 32-34.

[87] 杨林军, 沈湘林, 盛昌栋. 光催化防治燃烧源可吸入颗粒物可行性及存在问题分析[J]. 现代化工, 2005, 25(增刊): 5-8.

[88] 马千里, 姚强. 超细颗粒在单个上升气泡内的沉积过程模拟[J]. 环境科学学报, 2005, 25(6): 727-733.

[89] 韩雪冬, 谭井坤, 席化林, 等. 选煤粉尘治理的优选技术——蒸汽除尘[J]. 云南化工, 2002, 29(6): 41-42.

[90] 王文喜. 绕流椭圆形截面纤维截留捕集效率的研究[D]. 华中科技大学, 2012.

[91] Brown R C. Air filtration: an integrated approach to the theory and applications of fibrous filters[J]. Pergamon press New York, 1993.

[92] Fernandez D L M, J, Rosner D E. Effects of inertia on the diffusion deposition of small particles to spheres and cylinders at low reynolds numbers[J]. Journal of Fluid Mechanics, 1982, 125 (125): 379-395.

[93] Wang C S. Electrostatic forces in fibrous filters—a review[J]. Powder Technology, 2001, 118 (1–2): 166-170.

[94] 付海明, 沈恒根. 空气过滤理论研究与发展[J]. 过滤与分离, 2003, 13 (3): 22-26.

[95] Friedlander S K. Theory of aerosol filtration[J]. Industrial & Engineering chemistry, 1958, 50 (8): 1161-1164.

[96] Chi T, Wang C S, Barot D T. Chainlike formation of particle deposits in fluid-particle separation[J]. Science, 1977, 196 (4293): 983.

[97] Friedlander S K. Mass and heat transfer to single spheres and cylinders at low reynolds numbers[J]. AIChE Journal, 1957, 3 (1): 43-48.

[98] Lee K W, Liu B Y H. Experimental study of aerosol filtration by fibrous filters[J]. Aerosol Science & Technology, 1982, 1 (1): 35-46.

[99] Brown R C. A many-fibre model of airflow through a fibrous filter[J]. Journal of Aerosol Science, 1984, 15 (5): 583-593.

[100] Japuntich D A, Stenhouse J I T, Liu B Y H. Experimental results of solid monodisperse particle clogging of fibrous filters[J]. Journal of Aerosol Science, 1994, 25 (2): 385-393.

[101] Limsakul C, Songprakorp R, Sangswang A, et al. Inertial impaction-dominated fibrous filtration with rectangular or cylindrical fibers[J]. Powder Technology, 2000, 112 (1–2): 149-162.

[102] Dunnett S J, Clement C F. A numerical study of the effects of loading from diffusive deposition on the efficiency of fibrous filters[J]. Journal of Aerosol Science, 2006, 37 (9): 1116-1139.

[103] Liu Z G, Wang P K. Pressure drop and interception efficiency of multifiber filters[J]. Aerosol Science & Technology, 1997, 26 (4): 313-325.

[104] Davied C N. Air filtration[J]. London: Academic Press, 1973.

[105] Happel J. Viscous flow relative to arrays of cylinders[J]. AIChE Journal, 1959, 5 (2): 174-177.

[106] Fuchs N A, Stechkina I B. A note on the theory of fibrous aerosol filters[J]. The Annals of Occupational Hygiene, 1963, 6 (1): 27-30.

[107] Stechkina I B, Fuchs N A. Studies on fibrous aerosol filters-I. calculation of diffusional deposition of aerosols in fibrous filters[J]. The Annals of Occupational Hygiene, 1966, 9 (2): 59-64.

[108] Kirsch A A, Fuchs N A. Studies on fibrous aerosol filters-II. pressure drops in systems of parallel cylinders[J]. The Annals of Occupational Hygiene, 1967, 10 (1): 23-30.

[109] Kirsch A A, Fuchs N A. Studies on fibrous aerosol filters-III. diffusional deposition of aerosols in fibrous filters[J]. The Annals of Occupational Hygiene, 1968, 11 (4): 299-304.

[110] Stechkina I B, Kirsch A A, Fuchs N A. Studies on fibrous aerosol filters-IV. calculation of aerosol deposition in model filters in the range of maximum penetration[J]. The Annals of Occupational Hygiene, 1969, 12 (1): 1.

[111] Lee K W, Liu B Y H. Theoretical study of aerosol filtration by fibrous filters[J]. Aerosol Science & Technology, 1982, 1 (2): 147-161.

[112] Yeh H-C, Liu B Y H. Aerosol filtration by fibrous filters—I. theoretical[J]. Journal of Aerosol Science, 1974, 5 (2): 191-204.

[113] Tamada K, Fujikawa H. The steady two-dimensional flow of viscous fluid at low reynolds numbers passing through an infunite row of equal parallel circular cylinders[J]. The Quarterly Journal of Mechanics and Applied Mathematic, 1957, 10 (4): 425-432.

[114] Miyagi, Tosio. Viscous flow at low reynolds numbers past an infinite row of equal circular cylinders[J]. Journal of the Physical Society of Japan, 1958, 13 (5) : 493-496.

[115] Hasimoto H. On the periodic fundamental solutions of the stokes equations and their application to viscous flow past a cubic array of spheres[J]. Journal of Fluid Mechanics, 1959, 5 (2) : 317-328.

[116] Przekop R, Moskal A, Gradoń L. Lattice-boltzmann approach for description of the structure of deposited particulate matter in fibrous filters[J]. Journal of Aerosol Science, 2003, 34 (2) : 133-147.

[117] Chopard B, Masselot A. Cellular automata and lattice boltzmann methods: a new approach to computational fluid dynamics and particle transport[J]. Future Generation Computer Systems, 1999, 16 (2–3) : 249-257.

[118] Masselot A, Chopard B. A lattice boltzmann model for particle transport and deposition[J]. Epl, 2007, 42 (3) : 264.

[119] Payatakes A C, Chi T. Particle deposition in fibrous media with dendrite-like pattern: a preliminary model[J]. Journal of Aerosol Science, 1976, 7 (2) : 85-100.

[120] Zhao Z M, Gabriel I T, Pfeffer R. Separation of airborne dust in electrostatically enhanced fibrous filters[J]. Chemical Engineering Communications, 1991, 108 (1) : 307-332.

[121] Thomas D, Contal P, Renaudin V, et al. Modelling pressure drop in hepa filters during dynamic filtration[J]. Journal of Aerosol Science, 1999, 30 (2) : 235-246.

[122] Lamb G E R, Costanza P A. Influences of fiber geometry on the performance of nonwoven air filters: part III : cross-sectional shape[J]. Textile Research Journal, 1980, 50 (6) : 362-370.

[123] Hosseini S A, Tafreshi H V. On the importance of fibers' cross-sectional shape for air filters operating in the slip flow regime[J]. Powder Technology, 2011, 212 (3) : 425-431.

[124] Haile W A, Phillips B M. Deep grooved polyester fiber for wet lay applications[M]. Tappi Journal, 1995, 78 (9) : 139-142.

[125] Homonoff E, Dugan J. Specialty fibers for filtration applications[J]. In Advances in Filtration and Separation Technology, 2001, 15.

[126] Fotovati S, Tafreshi H V, Pourdeyhimi B. Analytical expressions for predicting performance of aerosol filtration media made up of trilobal fibers[J]. Journal of Hazardous Materials, 2011, 186 (2–3) : 1503-1512.

[127] Fardi B, Liu B Y H. Flow field and pressure drop of filters with rectangular fibers[J]. Aerosol Science & Technology, 1992, 17 (1) : 36-44.

[128] Wang C Y. Stokes flow through an array of rectangular fibers[J]. International Journal of Multiphase Flow, 1996, 22 (1) : 185-194.

[129] Ouyang M, Liu B. Analytical solution of flow field and pressure drop for filters with rectangular fibers[J]. Aerosol Science & Technology, 1998, 23 (3) : 311-320.

[130] Dhaniyala S, Liu B Y H. An asymmetrical, three-dimensional model for fibrous filters[J]. Aerosol Science & Technology, 1999, 30 (4) : 333-348.

[131] Fardi B, Liu B Y H. Efficiency of fibrous filters with rectangular fibers[J]. Aerosol Science & Technology, 1992, 17 (1) : 45-58.

[132] Adamiak K. Viscous flow model for charged particle trajectories around a single square fiber in an electric field[J]. IEEE Transactions on Industry Applications, 1999, 35 (2) : 352-358.

[133] Cao Y H, Cheung C S, Yan Z D. Numerical study of an electret filter composed of an array of staggered parallel rectangular split-type fibers[J]. Aerosol Science & Technology, 2004, 38 (6) : 603-618.

[134] Cheung C S, Cao Y H, Yan Z D. Numerical model for particle deposition and loading in electret filter with rectangular split-type fibers[J]. Computational Mechanics, 2005, 35 (6) : 449-458.

[135] 黄浩凯, 赵海波. 矩形截面纤维流场压降及细颗粒扩散捕集效率[J]. 中国科学院大学学报, 2017, 34(2): 210-217.

[136] Raynor P C. Single-fiber interception efficiency for elliptical fibers[J]. Aerosol Science & Technology, 2008, 42(5): 357-368.

[137] Wang H, Zhao H, Wang K, et al. Simulating and modeling particulate removal processes by elliptical fibers[J]. Aerosol Science & Technology, 2014, 48(2): 207-218.

[138] Kuwabara S. The forces experienced by randomly distributed parallel circular cylinders or spheres in a viscous flow at small reynolds numbers[J]. Journal of the Physical Society of Japan, 1959, 14(4): 527-532.

[139] Kirsh V A. Deposition of aerosol nanoparticles in fibrous filters[J]. Colloid Journal, 2003, 65(6): 726-732.

[140] Kirsh V A. Stokes flow and deposition of aerosol nanoparticles in model filters composed of elliptic fibers[J]. Colloid Journal, 2011, 73(3): 345-351.

[141] Wang W, Xie M, Wang L. An exact solution of interception efficiency over an elliptical fiber collector[J]. Aerosol Science & Technology, 2012, 46(8): 843-851.

[142] Huang H, Zheng C, Zhao H. Numerical investigation on non-steady-state filtration of elliptical fibers for submicron particles in the ``greenfield gap'' range[J]. Journal of Aerosol Science, 2017, 114.

[143] Wang J, Pui D Y H. Filtration of aerosol particles by elliptical fibers: a numerical study[J]. Journal of Nanoparticle Research, 2009, 11(1): 185-196.

[144] Billings C E. Effect of particle accumulation in aerosol filtration[J]. California Institute of Technology, 1966.

[145] Kanaoka C, Emi H, Myojo T. Simulation of the growing process of a particle dendrite and evaluation of a single fiber collection efficiency with dust load[J]. Journal of Aerosol Science, 1980, 11(4): 377,385-383,389.

[146] Myojo T, Kanaoka C, Emi H. Experimental observation of collection efficiency of a dust-loaded fiber[J]. Journal of Aerosol Science, 1984, 15(4): 483-489.

[147] Kanaoka C, Hiragi S. Pressure drop of air filter with dust load[J]. Journal of Aerosol Science, 1990, 21(1): 127,133-131,137.

[148] Kasper G, Schollmeier S, Meyer J, et al. The collection efficiency of a particle-loaded single filter fiber[J]. Journal of Aerosol Science, 2009, 40(12): 993-1009.

[149] Henry F, Ariman T. A staggered array model of a fibrous filter with electrical enhancement[J]. Particulate Science & Technology, 1983, 1(2): 139-154.

[150] Kao J N, Tardos G I, Pfeffer R. Dust deposition in electrostatically enhanced fibrous filters[J]. IEEE Transactions on Industry Applications, 1987, 23(3): 464-473.

[151] Wu Z F. The deposition of particles from an air flow on a single cylindrical fiber in a uniform electrical field[J]. Aerosol Science & Technology, 1999, 30(1): 62-70.

[152] Park H S, Park Y O. Simulation of particle deposition on filter fiber in an external electric field[J]. Korean Journal of Chemical Engineering, 2005, 22(2): 303-314.

[153] Liu G, Marshall J S, Li S Q, et al. Discrete-element method for particle capture by a body in an electrostatic field[J]. International Journal for Numerical Methods in Engineering, 2010, 84(13): 1589–1612.

[154] Pich J, Emi H, Kanaoka C. Coulombic deposition mechanism in electret filters[J]. Journal of Aerosol Science, 1987, 18(1): 29-35.

[155] Baumgartner H, Loffler F, Umhauer H. Deep-bed electret filters: the determination of single fiber charge and collection efficiency[J]. IEEE Transactions on Electrical Insulation, 1986, 21(3): 477-486.

[156] Walsh D C, Stenhouse J I T. The effect of particle size, charge, and composition on the loading characteristics of an electrically active fibrous filter material[J]. Journal of Aerosol Science, 1997, 28(2): 307-321.

[157] Kanaoka C, Hiragi S, Tanthapanichakoon W. Stochastic simulation of the agglomerative deposition process of aerosol particles on an electret fiber[J]. Powder Technology, 2001, 118(1-2): 97-106.

[158] Oh Y W, Jeon K J, Jung A I, et al. A simulation study on the collection of submicron particles in a unipolar charged fiber[J]. Aerosol Science & Technology, 2002, 36(5): 573-582.

[159] Lantermann U, Hänel D. Particle monte carlo and lattice-boltzmann methods for simulations of gas-particle flows[J]. Computers & Fluids, 2007, 36(2): 407-422.

[160] Kasper G, Schollmeier S, Meyer J. Structure and density of deposits formed on filter fibers by inertial particle deposition and bounce[J]. Journal of Aerosol Science, 2010, 41(12): 1167-1182.

[161] 李艳艳, 付海明, 胡玉乐. 纤维过滤介质内部三维流场模拟[J]. 纺织学报, 2011, 32(5): 16-21.

[162] Jaganathan S, Tafreshi H V, Pourdeyhimi B. A realistic approach for modeling permeability of fibrous media: 3D imaging coupled with CFD simulation[J]. Chemical Engineering Science, 2008, 63(1): 244-252.

[163] Zobel S, Maze B, Tafreshi H V, et al. Simulating permeability of 3D calendered fibrous structures[J]. Chemical Engineering Science, 2007, 62(22): 6285-6296.

[164] Balachandar S, Eaton J K. Turbulent dispersed multiphase flow[J]. Advances in Mechanics, 2010, 42(1): 111-133.

[165] Chan C K, Zhang H Q, Lau K S. Numerical simulation of gas-particle flows behind a backward-facing step using an improved stochastic separated flow model[J]. Computational Mechanics, 2001, 27(5): 412-417.

[166] Glowinski R, Pan T W, Hesla T I, et al. A distributed Lagrange multiplier/fictitious domain method for flows around moving rigid bodies: Application to particulate flow[J]. International Journal for Numerical Methods in Fluids, 1999, 30(8): 1043-1066.

[167] Johnson A A, Tezduyar T E. Simulation of multiple spheres falling in a liquid-filled tube[J]. Computer Methods in Applied Mechanics & Engineering, 1995, 134(3-4): 351-373.

[168] Maury B. A many-body lubrication model[J]. Comptes Rendus de l'Académie des Sciences - Series I - Mathematics, 1997, 325(9): 1053-1058.

[169] Hoef M A V D, Ye M, Annaland M V S, et al. Multiscale modeling of gas-fluidized beds[J]. Advances in Chemical Engineering, 2006, 31(06): 65-149.

[170] Kriebitzsch S H L, Hoef M A V D, Kuipers J A M. Fully resolved simulation of a gas-fluidized bed: a critical test of DEM models[J]. Chemical Engineering Science, 2013, 91(2): 1-4.

[171] Ardekani A M, Rangel R H. Numerical investigation of particle?particle and particle?wall collisions in a viscous fluid[J]. Journal of Fluid Mechanics, 2008, 596(596): 437-466.

[172] Breugem W P. A combined soft-sphere collision/immersed boundary method for resolved simulations of particulate flows[C]. ASME 2010 Joint Us-European Fluids Engineering Summer Meeting Collocated with International Conference on Nanochannels, Microchannels, and Minichannels, 2010: 2381-2392.

[173] Li X, Hunt M L, Tim C. A contact model for normal immersed collisions between a particle and a wall[J]. Journal of Fluid Mechanics, 2012, 691(1): 123-145.

[174] Wang Q, Maze B, Tafreshi H V, et al. A case study of simulating submicron aerosol filtration via lightweight spun-bonded filter media[J]. Chemical Engineering Science, 2006, 61(15): 4871-4883.

[175] Maze B, Tafreshi H V, Wang Q, et al. A simulation of unsteady-state filtration via nanofiber media at reduced operating pressures[J]. Journal of Aerosol Science, 2007, 38(5): 550-571.

[176] Dunnett S J, Clement C F. Numerical investigation into the loading behaviour of filters operating in the diffusional and interception deposition regimes[J]. Journal of Aerosol Science, 2012, 53 (7): 85-99.

[177] Dunnett S J, Clement C F, Morelli G. A study of the effect of particulate deposit upon fibrous filter efficiency[C]. Journal of Physics Conference series, 2009, 151 (1).

[178] Dunnett S J, Clement C F. A numerical model of fibrous filters containing deposit[J]. Engineering Analysis with Boundary Elements, 2009, 33 (5): 601-610.

[179] Steffens J, Coury J R. Collection efficiency of fiber filters operating on the removal of nano-sized aerosol particles: I. homogeneous fibers[J]. Separation and Purification Technology, 2007, 58 (1): 99-105.

[180] Steffens J, Coury J R. Collection efficiency of fiber filters operating on the removal of nano-sized aerosol particles: II. heterogeneous fibers[J]. Separation & Purification Technology, 2007, 58 (1): 106-112.

[181] Saleh A M, Hosseini S A, Tafreshi H V, et al. 3D microscale simulation of dust-loading in thin flat-sheet filters: a comparison with 1D macroscale simulations[J]. Chemical Engineering Science, 2013, 99 (32): 284-291.

[182] Hosseini S A, Tafreshi H V. Modeling particle filtration in disordered 2D domains: a comparison with cell models[J]. Separation & Purification Technology, 2010, 74 (2): 160-169.

[183] Hosseini S A, Tafreshi H V. 3D simulation of particle filtration in electrospun nanofibrous filters[J]. Powder Technology, 2010, 201 (2): 153-160.

[184] Soltani P, Johari M S, Zarrebini M. Effect of 3D fiber orientation on permeability of realistic fibrous porous networks[J]. Powder Technology, 2014, 254 (C): 44-56.

[185] Qian Y H, D'humières D, Lallemand P. Lattice BGK models for navier-stokes equation[J]. Europhysics Letters, 2007, 17 (6): 479.

[186] Ladd A J C, Verberg R. Lattice-boltzmann simulations of particle-fluid suspensions[J]. Journal of Statistical Physics, 2001, 104 (5): 1191-1251.

[187] Chopard B, Masselot A, Droz M. Multiparticle lattice gas model for a fluid: application to ballistic annihilation[J]. Physical Review Letters, 1998, 81 (9): 1845-1848.

[188] Filippova O, Hänel D. Lattice-boltzmann simulation of gas-particle flow in filters[J]. Computers & Fluids, 1997, 26 (7): 697-712.

[189] Chen S, Liu Z, Shi B, et al. Computation of gas-solid flows by finite difference boltzmann equation[J]. Applied Mathematics & Computation, 2006, 173 (1): 33-49.

[190] 陈胜, 施保昌, 柳朝晖, 等. Lattice-boltzmann simulation of particle-laden flow over a backward-facing step[J]. 中国物理 b:英文版, 2004, 13 (10): 1657-1664.

[191] Ladd A J. Short-time motion of colloidal particles: numerical simulation via a fluctuating lattice-boltzmann equation Physical Revion Letters 1993, 70 (9): 1339-1342.

[192] Bastienchopard, Micheldroz. Cellular automata modeling of physical systems[M]. Cambridge University Press, 1998.

[193] Frisch U, Hasslacher B, Pomeau Y. Lattice-gas automata for the Navier-Stokes equation[J]. Physical Review Letters, 1986, 56 (14): 1505-1508.

[194] Przekop R, Gradoń L. Deposition and filtration of nanoparticles in the composites of nano- and microsized fibers[J]. Aerosol Science & Technology, 2008, 42 (6): 483-493.

[195] Dupuis A, Chopard B. Lattice gas modeling of scour formation under submarine pipelines[J]. Journal of Computational Physics, 2002, 178 (1): 161-174.

2 气固两相流的格子 Boltzmann-元胞
自动机概率模型

2.1 引 言

纤维过滤过程存在复杂的流体—颗粒—纤维—沉积形成的颗粒枝簇之间复杂的相互作用,构建一套可靠性、准确性高的气固两相流模型是对其细节过程进行数值模拟以及在此基础上进行优化设计和操控的核心和关键。另外,气固两相流也广泛存在于自然界和工程实际中,例如煤粉颗粒在锅炉、气化炉中的运输、喷射及燃烧,飞灰在烟道内的运输和沉积以及在大气环境中的扩散和沉降[1]。工程实际中的气固两相流往往都属于湍流两相流,包含了各种涡旋,尺度范围从Kolmogorove 尺度到积分尺度[2,3]。

众多研究者在多相流领域的各种数学模型和数值方法方面取得突出成效,然而目前的模型往往都是基于宏观 Navier-Stokes 方程,需要满足连续性假设。人们已经不仅仅满足于从单一的工程视野来研究工程领域中复杂工况的多相流问题,而是要求对其进行更为科学的定量细节描述和精确控制优化。气固两相流模型逐渐从单向耦合(即只考虑流体对颗粒的作用力)发展到双向耦合(同时考虑颗粒对流体的反作用力),进一步发展到四向耦合(考虑颗粒间的相互作用,例如碰撞、凝并及成核等),本章试图建立合适的气固两相流模型,利用格子 Boltzmann 方法模拟流场,利用元胞自动机概率模型描述颗粒运动,利用直接模拟 Monte Carlo方法考虑颗粒碰撞,为研究细微颗粒物在过滤器中的运动过程(包括清洁和粘污工况)乃至过滤器设计优化提供基础。

2.2 格子 Boltzmann 方法

2.2.1 基本原理

格子 Boltzmann 方法中,流体被抽象成为由虚拟的流体颗粒组成。每个网格点的状态由分布函数 $f_i(x,t)$ 表示,其含义为在 t 时刻,网格点 x 上速度为 c_i 的虚拟颗粒的概率密度。虚拟颗粒被规定在规则的网格上运动,每个时间步长内经历碰撞和迁移两个过程:

碰撞：$f_i(x,t)' = f_i(x,t) + \Omega_i$　　　　　　　　　　(2.1)

迁移：$f_i(x + c_i \cdot \Delta t, t + \Delta t) = f_i(x,t)'$　　　　　(2.2)

式中，Ω_i 为碰撞算子，如常用的 BGK 碰撞算子[4]。因此，合并上述两个过程并引入 BGK 碰撞算子，就可以得到系统的演化方程：

$$f_i(x + c_i \cdot \Delta t, t + \Delta t) - f_i(x,t) = [f_i^{eq}(x,t) - f_i(x,t)]/\tau \qquad (2.3)$$

式中，Δt 为时间步长；τ 为无量纲松弛时间；f_i^{eq} 为平衡态分布函数，计算公式如下：

$$f_i^{eq} = \rho\omega_i\left[1 + \frac{c_i \cdot u}{c_s^2} + \frac{1}{2}\left(\frac{c_i \cdot u}{c_s^2}\right)^2 - \frac{u}{2c_s^2}\right] \qquad (2.4)$$

式中，u 为当地流体宏观速度；ρ 为流体密度；ω_i 是与模型有关的权系数，以经典的 D2Q9 模型为例（图 2.1），ω_0=4/9，ω_i=1/9 $(i=1,3,5,7)$，ω_i=1/36 $(i=2,4,6,8)$；c_s 为当地声速，$c_s = \sqrt{3}c/3$，且 $c=\Delta x/\Delta t$，Δx 为网格步长。

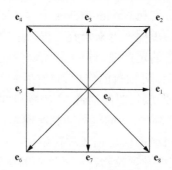

图 2.1　D2Q9 模型，e_0～e_8 表示虚拟流体颗粒的八个方向

流场的宏观信息可以通过统计分布函数的方法得到，宏观密度 ρ 和动量 ρu 的计算方法如下：

$$\rho = \sum_{i=0}^{Q-1} f_i, \quad \rho u = \sum_{i=0}^{Q-1} f_i c_i \qquad (2.5)$$

将流体黏度定义为：$\nu = \frac{c_s^2}{2}(2\tau - 1) \cdot \Delta t$，并通过对式 (2.3) 进行 Chapman-Enskog 展开，就可以得到宏观 Navier-Stokes 方程

$$\frac{\partial \boldsymbol{u}}{\partial t} + \nabla \cdot (\boldsymbol{uu}) = -\nabla p + Re^{-1}\nabla^2 \boldsymbol{u} \tag{2.6}$$

对于三维模拟，最常用的三维离散速度模型是 D3Q19 和 D3Q15 两类模型，在三维空间内分别采用 19 个和 15 个离散速度方向数进行数值模拟。图 2.2 展示了其中一种常用的 D3Q15 三维模型。

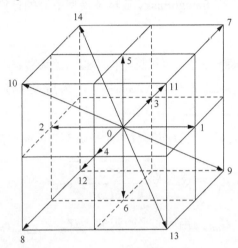

图 2.2　D3Q15 形式离散速度模型[5]

D3Q15 模型中，离散速度为

$$c_i = \begin{pmatrix} 0 & 1 & -1 & 0 & 0 & 0 & 0 & 1 & -1 & 1 & -1 & 1 & -1 & 1 & -1 \\ 0 & 0 & 0 & 1 & -1 & 0 & 0 & 1 & -1 & 1 & -1 & -1 & 1 & -1 & 1 \\ 0 & 0 & 0 & 0 & 0 & 1 & -1 & 1 & -1 & -1 & 1 & 1 & -1 & -1 & 1 \end{pmatrix} \tag{2.7}$$

式中，权系数为 ω_0=2/9，ω_1=1/9，ω_3=1/72，$c_s = \sqrt{3}c/3$。

D3Q19 模型中，离散速度为

$$c_i = \begin{pmatrix} 0 & 1 & -1 & 0 & 0 & 0 & 0 & 1 & -1 & 1 & -1 & 1 & 1 & -1 & 0 & 0 & 0 & 0 \\ 0 & 0 & 0 & 1 & -1 & 0 & 0 & 1 & -1 & -1 & 1 & 0 & 0 & 0 & 0 & 1 & -1 & 1 & -1 \\ 0 & 0 & 0 & 0 & 0 & 1 & -1 & 0 & 0 & 0 & 0 & 1 & -1 & -1 & 1 & 1 & -1 & -1 & 1 \end{pmatrix} \tag{2.8}$$

式中，权系数为 ω_0=1/3，ω_1=1/18，ω_3=1/36，$c_s = \sqrt{3}c/3$。

虽然 LBM 具有诸多优点，但是在计算高雷诺数湍流时依然会发生数值不稳定的情况。目前已有多种方法可克服这个问题：其一是加密计算网格，但会导致计算代价的增大；其二是通过减小松弛时间来减小流体动力黏度，如将 Smagorinsky

亚格子模型[6,7]引入 LBM 来模拟高雷诺数湍流。

在 Smagorinsky 亚格子模型中，有效黏度被分为原始黏度 v 和湍流黏度 v_t：

$$v_e = v + v_t = c_s^2 \cdot \Delta t \cdot (2\tau_e - 1)/2 \tag{2.9}$$

式(2.9)中引入一个取决于当地时间和空间的有效无量纲松弛时间 τ_e 来提高当地无量纲松弛时间 τ。在 Smagorinsky 亚格子模型中 v_t 的计算如下：

$$v_t = (C\delta)^2 |S| \tag{2.10}$$

式中，C 为 Smagorinsky 常数，可根据不同模拟对象调整；δ 为与网格长度有关的滤波尺度（本书中 $\delta = \Delta x$）；$|S| = \sqrt{2S_{\alpha\beta}S_{\alpha\beta}}$，为应变率张量 $\boldsymbol{S}_{\alpha\beta}$ 的模，其中 $\boldsymbol{S}_{\alpha\beta} = 1/2(\partial_\beta \boldsymbol{u}_\alpha + \partial_\alpha \boldsymbol{u}_\beta)$。

在 LBM 中，$|S|$ 可以通过分布函数的非平衡部分很简单的计算得到[7]

$$|S| = \frac{\sqrt{v^2 + 18C\delta^2 Q^{1/2}} - v}{6C\delta^2} \tag{2.11}$$

式中，$Q = \boldsymbol{\Pi}_{\alpha\beta}\boldsymbol{\Pi}_{\alpha\beta}$，$\boldsymbol{\Pi}_{\alpha\beta}$ 为当地非平衡张量，$\boldsymbol{\Pi}_{\alpha\beta} = \sum_{i=0}^{8} c_{i\alpha}c_{i\beta}(f_i - f_i^{eq})$。

2.2.2　边界处理

边界条件的处理是格子 Boltzmann 方法的一个关键问题，会直接影响模拟的精度和稳定性。根据边界形状的不同，格子 Boltzmann 方法给出了针对平直边界和曲面边界的边界条件处理方法。其中，对于平直边界，有标准反弹格式、修正反弹格式、Half-way 反弹格式和非平衡态外推格式[8]等。

1）标准的反弹格式

反弹格式是一种容易实现的边界处理条件，用于处理静止的壁面。图 2.3 为标准反弹格式示意图（虚线代表未知分布函数，下同），该格式假设流体粒子和固体壁面发生碰撞后速度大小不变，方向相反，其表达式为

$$f_{\bar{i}}'(x_b, t) = f_i'(x_f, t) \tag{2.12}$$

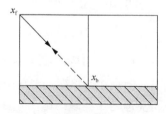

图 2.3　标准反弹格式示意图

在此格式中, 流体颗粒边界格点上不执行碰撞步骤。

2) 修正反弹格式

标准的反弹格式只能达到一阶精度, 会影响到模拟结果。修正反弹格式允许流体颗粒在边界格点上执行碰撞步骤, 在执行碰撞之前指向流场内部的分布函数由下式得到

$$f_{\bar{i}}(x_b, t) = f_i(x_b, t) \tag{2.13}$$

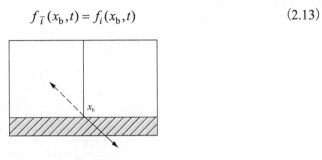

图 2.4　修正反弹格式示意图

3) Half-way 反弹格式

Half-way 反弹格式是标准反弹格式一种变形, 不同的是固体边界不在网格点上, 而是处在格点中间即 $(x_f + x_b)/2$ 处 (图 2.5)。其表达式为

$$f_{\bar{i}}(x_f, t + \Delta t) = f'_i(x_f, t) \tag{2.14}$$

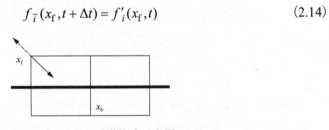

图 2.5　Half-way 反弹格式示意图

虽然标准反弹格式只具有一阶精度, 但是已有文献证明 Half-way 反弹格式具有二阶精度[9]。

4) 非平衡态外推格式

非平衡态外推格式的原理是将边界节点上的平衡态分布函数分解为平衡态部分和非平衡态部分, 其中, 平衡态部分使用具体的边界条件构造新的平衡态分布, 非平衡态部分使用一阶精度的外推方法确定。非平衡态分布函数本身是一阶量, 因此非平衡态外推格式仍然具有二阶精度。如图 2.6 所示, 在一个迁移步骤之后, 边界格点上未知分布函数为 f_2、f_5、f_6, 但是, 沿着这些粒子速度方向的流体格点处 $(x_f = x_b + c_i \Delta t)$ 的所有分布函数值和宏观量都是已知的。为确定固体边界上的未知

分布函数，非平衡态外推格式将其按下式分解：

$$f_i(x_b,t) = f_i^{(eq)}(x_b,t) + f_i^{(ne)}(x_b,t), i = 2,5,6 \tag{2.15}$$

对于速度边界条件，x_b 处的速度已知而密度未知，在非平衡态外推格式中，平衡态部分使用修正平衡态分布函数 $\overline{f}_i^{(eq)}$ 来近似，也就是用邻近流体格点的密度代替固体格点的密度：

$$\overline{f}_i^{(eq)}(x_b,t) = f_i^{(eq)}[\rho(x_f,t),u_w], i = 2,5,6 \tag{2.16}$$

非平衡态部分则使用邻近流体格点的非平衡态分布函数来近似：

$$f_i^{(ne)}(x_b,t) = f_i^{(ne)}(x_f,t) = f_i(x_f,t) - f_i^{(eq)}(x_f,t), i = 2,5,6 \tag{2.17}$$

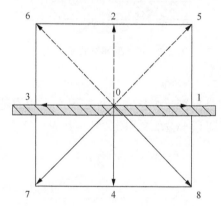

图 2.6　非平衡态外推格式示意图

各种边界处理格式是格子 Boltzmann 方法的一大优势，它对于复杂流-固相互作用流动的模拟具有很大的优势，能够处理复杂变化的边界，而其他常规的流体计算方法对于这种问题往往会有很大的困难。

在纤维捕集颗粒过程中，被捕集的颗粒会沉积在纤维表面形成枝簇结构，且随着沉积颗粒数目的增多，枝簇会不断生长，使得流场结构发生变化。本书采用修正反弹格式来考虑枝簇生长对流场的影响。对于单分散颗粒，认为一个颗粒占据一个网格点，因此一旦某个网格点被沉积颗粒占据，则该网格点开始反弹流体颗粒；而对于多分散颗粒，当一个网格点内部沉积颗粒的总体积达到某一程度时，该网格点才开始固化并反弹流体颗粒。这些固化的网格点均不能再容纳其他颗粒。在计算过程中，每个时间步长内均需要考虑新的固化格点对流场的影响。

2.2.3　曲面边界处理

平直边界条件只能用于物理边界位于格点上的情况，对于更加一般的复杂曲面边界，物理边界很难恰好位于格点上，另外，当对颗粒进行全解析模拟时（即把颗粒视为有物理边界的对象而非点源），往往也需要对颗粒边界采用曲面边界条件。本小节介绍几种处理曲面边界的常用方法。

如图 2.7 所示，f 和 ff 为流体中的格点，b 为固体格点，w 为实际曲面边界和网格线之间的交点，δx 代表 x 方向的网格长度，$\Delta \delta x$ 代表 x 方向的实际距离。定义变量 q 为

$$q = \frac{|x_{\mathrm{f}} - x_{\mathrm{a}}|}{|x_{\mathrm{f}} - x_{\mathrm{b}}|}, 0 \leqslant q \leqslant 1 \tag{2.18}$$

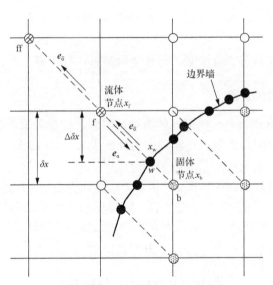

图 2.7　曲面边界上格点类型示意图

前面介绍的平直边界条件中的反弹格式也可以应用到曲面边界中，无论 q 的值为多少，我们都将 f 作为流体中的点，b 为边界格点，前面提到的几种反弹格式都可以应用。但是这种简单的处理方式都是使用折线近似曲面物理边界，从而会使光滑的边界变得"粗糙"，边界的几何完整性被破坏。

1998 年，Filippova 和 Hänel[10]提出了一种曲面边界格式（称为 FH 格式），这是首次提出的一种具有二阶精度的曲面边界处理办法。为了提高 FH 格式的数值稳定性和计算精度，Mei 等[11]提出了一种基于 FH 格式的增强曲面边界条件（MLS格式）。Bouzidi 等[12]提出了一种更简单的方法，即一种基于反弹格式和空间插值的曲边界处理方法，边界未知分布函数计算公式如下：

$$\begin{cases} f_{\bar{i}}(x_f, t + \Delta t) = 2q f_i'(x_f, t) + (1 - 2q) f_i'(x_f - e_i \Delta t, t), & q < 0.5 \\ f_{\bar{i}}(x_f, t + \Delta t) = \dfrac{1}{2q} f_i'(x_f, t) + \dfrac{(2q - 1)}{2q} f_i'(x_f, t), & q \geqslant 0.5 \end{cases} \quad (2.19)$$

上述的几种方法都具有二阶精度，所不同的是，前两种格式需要在固体边界内部构建一个虚拟的流体格点，并且在该点要执行碰撞步，所以被称为虚拟平衡态分布函数。而 Bouzidi 格式只需要知道流体点 f 上的分布函数，不需要额外的碰撞过程。需要强调的是，以上三种方法都需要分别考虑 $q < 1/2$ 和 $q > 1/2$ 两种情况。

为了统一 $q < 1/2$ 和 $q > 1/2$ 两种情况，Yu 等[13]随后提出一种统一插值曲线边界条件，插值公式如下：

$$f_i'(x_f, t) = \frac{1}{1 + q} [q f_{\bar{i}}'(x_f, t) + q f_i'(x_f, t) + (1 - q) f_i'(x_{ff}, t)] \quad (2.20)$$

统一插值格式具有二阶精度，而且使用简单，只需要一个计算公式。

2.2.4　边界作用力的计算

在利用格子 Boltzmann 模拟流体流动的时候，往往需要求解流体对固体壁面的作用力，例如全解析的颗粒在流体中所受的曳力。在 LBM 中，求解壁面作用力有两种方法：动量交换法[14]和应力积分法[15]。

动量交换法格式示意图如图 2.7 所示，x_w 为边界点，x_f 为流体格点，x_b 为固体格点，$x_b = x_f - e_i \Delta t$。当碰撞步完成之后，固体壁面将要从流体格点吸收的动量为 $f_i(x_f, t_+) e_i$，同时 x_b 格点处有沿 e_i 反方向反弹到流体格点的动量 $f_{\bar{i}}(x_b, t) e_{\bar{i}}$。根据动量交换的原则，该边界点沿 e_i 方向上对固体壁面的作用力为

$$F(x_b) = [f_{\bar{i}}(x_b, t) + f_i(x_f, t_+)] e_i \quad (2.21)$$

对固体壁面一周所有边界点的各个离散方向所受作用力求积分，可得总受力为

$$F_{\text{total}} = \sum F(x_b) \quad (2.22)$$

另一种方法是应力积分法。通过计算壁面边界上的宏观物理量(密度、压力、速度)来得到壁面应力张量，Inamuro 等[16]提出一种应力张量计算公式：

$$\sigma_{ij} = -\frac{1}{6\tau} \rho \delta_{ij} - \left(1 - \frac{1}{2\tau}\right) \sum (e_{ai} - u_i)(e_{aj} - u_j) f_a \quad (2.23)$$

式 (2-23) 避免了使用速度梯度来计算应力张量。假设 S 代表壁面边界，则边界受力为

$$F = \int_S \{ \boldsymbol{\sigma} \cdot \boldsymbol{n} - \rho \boldsymbol{u}[(\boldsymbol{u} - \boldsymbol{V}) \cdot \boldsymbol{n}] \} \cdot \mathrm{d}S \tag{2.24}$$

动量交换法处理起来很容易，而且计算准确，可以方便得到固体壁面所受作用力。

2.3　颗粒运动模型

Chopard 等[17,18]最先使用混合的 LB 和 CA 方法描述了雪花在空气中的运动、沉积、坍塌和侵蚀等现象以及沙层在水中的形态。之后，Gardoń 等[19,20]利用 LB-CA 模型模拟了颗粒物在纤维过滤器中运动、沉积和重新飞散的过程。虽然，原始的 LB-CA 方法通过制定一些简单直观的规则为描述颗粒运动行为的复杂机制提供了方法，但是这些规则往往是经验或者假设得到的，例如，假设颗粒与流体的时间步长之比为某个常数，且根据模拟对象而不同[6,19,20]。在这种情况下，流体影响颗粒运动的描述就不够准确。虽然通过仔细选择合适的特征参数，原始的 LB-CA 方法能够得到一些合理的气固两相流模态，但是只从定性层面上描述气固两相流动显然是不够的，因此需要对原有模型进行改进，使其能够定量描述气固两相流。本书通过定量计算颗粒在外力作用下的速度和位移，建立了颗粒的概率运动模型，构建能定量描述气固两相流的 LB-CA 概率模型[21,22]。

在描述颗粒运动的 CA 概率模型中，固体颗粒被限制在与流体颗粒相同的网格点上运动，它们往相邻网格点运动的概率取决于当地流场和作用在颗粒上的其他外力。假设某个颗粒在 t 时刻位于 $\boldsymbol{x}_\mathrm{p}$，一个时间步长 Δt 之后，颗粒运动到一个新的位置 $\boldsymbol{x}_\mathrm{p}^*(=\boldsymbol{x}_\mathrm{p}+\boldsymbol{u}_\mathrm{p}\Delta t)$，其中 $\boldsymbol{u}_\mathrm{p}$ 为颗粒在 t 时刻的速度。注意到，时间步长的选择必须满足条件：颗粒在一个时间步长内的最大位移不超过网格长度。显然，颗粒运动到的新位置一般都不在规则的网格点上。CA 概率模型的关键就是引入随机过程来判断固体颗粒的下个位置，其基本思想是：位于 $\boldsymbol{x}_\mathrm{p}$ 的颗粒运动到某个相邻网格点 $\boldsymbol{x}_\mathrm{p}+\boldsymbol{e}_i\Delta t$ 的概率 p_i，与其真实位移在方向 $\boldsymbol{e}_i$ 上的投影成正比。图 2.8 以 D2Q9 模型为例阐述了颗粒的运动规则。颗粒沿着 $\boldsymbol{e}_1$、$\boldsymbol{e}_3$、$\boldsymbol{e}_5$、$\boldsymbol{e}_7$ 四个方向运动的概率 p_1、p_3、p_5、p_7 为

$$p_i = \max\left(0, (\boldsymbol{u}_\mathrm{p} \cdot \boldsymbol{c}_i)\frac{\Delta t}{\Delta x}\right) - \max\left(0, \frac{\Delta \boldsymbol{x}_\mathrm{p}}{\Delta x} \cdot \boldsymbol{e}_i\right), i = 1,3,5,7 \tag{2.25}$$

式中，$\Delta \boldsymbol{x}_\mathrm{p}$ 为颗粒在 Δt 内的真实位移。可以发现，由于 $\boldsymbol{e}_i = -\boldsymbol{e}_{i+4}$，$p_i \times p_{i+4} = 0$。

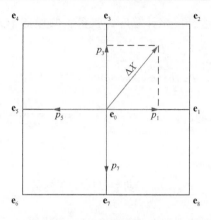

图 2.8　颗粒运动法则

固体颗粒可能停留在原来的位置或者运动到相邻网格点，这些都取决于其在 $\mathbf{e}_1$、$\mathbf{e}_3$、$\mathbf{e}_5$、$\mathbf{e}_7$ 4 个方向的运动概率：

$$x_{\mathrm{p}}^* = x_{\mathrm{p}} + \mu_1\mathbf{e}_1 + \mu_3\mathbf{e}_3 + \mu_5\mathbf{e}_5 + \mu_7\mathbf{e}_7 \tag{2.26}$$

式中，μ_i 是个布尔变量，取 1 的概率为 p_i。从图 2.8 可以发现：$p_1>0$，$p_3>0$，$p_5=0$，$p_7=0$，这就意味着：颗粒停留在原处的概率为 $(1-p_1)(1-p_3)$；运动到右边格点的概率为 $p_1(1-p_3)$；运动到上方格点的概率为 $p_3(1-p_1)$；运动到右上方格点的概率为 p_1p_3。在数值实现方面，首先产生两个满足在 0 到 1 内平均分布的随机数 r_1、r_2，然后根据以下条件判断颗粒的新位置：

$$\begin{cases} 如果 r_1 > p_1 且 r_2 > p_3, x_{\mathrm{p}}^* = x_{\mathrm{p}} \\ 如果 r_1 < p_1 且 r_2 > p_3, x_{\mathrm{p}}^* = x_{\mathrm{p}} + \mathbf{e}_1\Delta t \\ 如果 r_1 > p_1 且 r_2 < p_3, x_{\mathrm{p}}^* = x_{\mathrm{p}} + \mathbf{e}_3\Delta t \\ 如果 r_1 < p_1 且 r_2 < p_3, x_{\mathrm{p}}^* = x_{\mathrm{p}} + \mathbf{e}_2\Delta t \end{cases}$$

在颗粒数目足够大的情况下，该二项分布可用高斯分布来近似[16]。

真实的颗粒位移 Δx_{p} 可以通过拉格朗日方法定量计算得到。在考虑外力作用下，颗粒的运动可由牛顿方程表示：

$$\frac{\mathrm{d}u_{\mathrm{p}}}{\mathrm{d}t} = F_{\mathrm{drag}} + F_{\mathrm{buo}} + F_{\mathrm{g}} + F_{\mathrm{other}} \tag{2.27}$$

式中，F_{drag} 为流体曳力；F_{buo} 为浮力；F_{g} 表示重力；F_{other} 代表其他外力，如萨夫曼 (Saffman) 力、布朗力、马格努斯 (Magnus) 力、热泳力等。

在考虑颗粒布朗扩散时，布朗力的计算公式[23-25]为 $F_B = \varsigma \sqrt{\dfrac{216\mu k_B T}{\pi \rho_p^2 d_p^5 \Delta t}}$ ，其中 ς 是均值为 0、方差为 1 的高斯随机数，k_B 为 Boltzmann 常数，μ 为流体黏度。在只考虑曳力、浮力和重力的情况下，式(2.27)可写成

$$\frac{\mathrm{d}u_p}{\mathrm{d}t} = \frac{u - u_p}{\tau_p} + \left(1 - \frac{\rho}{\rho_p}\right)g \tag{2.28}$$

式中，u_p 为颗粒速度；τ_p 为颗粒松弛时间，$\tau_p = \rho_p d_p^2/(18\mu)$；$\mu$ 为流体动力黏度；d_p 和 ρ_p 分别为颗粒粒径和密度，g 为重力加速度。颗粒速度和位移可以通过式(2.28)两次积分得到

$$u_p^{n+1} = u_p^n \cdot \exp\left(-\frac{\Delta t}{\tau_p}\right) + \left(u + \left(1 - \frac{\rho}{\rho_p}\right)g \cdot \tau_p\right) \cdot \left(1 - \exp\left(-\frac{\Delta t}{\tau_p}\right)\right) \tag{2.29}$$

$$x_p^{n+1} = x_p^n + (u_p^n - u)\left(1 - \exp\left(-\frac{\Delta t}{\tau_p}\right)\right) \cdot \tau_p + u\Delta t + \left(\Delta t - \left(1 - \exp\left(-\frac{\Delta t}{\tau_p}\right) \cdot \tau_p\right)\right)\left(1 - \frac{\rho}{\rho_p}\right)g \cdot \tau_p$$
$$\tag{2.30}$$

最终得到颗粒在 Δt 内的真实位移 $\Delta x (= x_p^{n+1} - x_p^n)$。

该 CA 概率模型能够考虑颗粒在其他不同外力(如电磁力、范德华力)作用下的运动情况，只需在式(2.21)中加入相对应的外力项。如有必要，同样可以考虑颗粒旋转角速度等。一旦颗粒位置和速度都确定之后，可以通过计算所有网格点的模拟颗粒来得到整个颗粒场信息。模拟颗粒一般使用不同权重来表示真实颗粒。使用 $N(x,t)$ 表示 t 时刻在格点 x 上的模拟颗粒数目，$N(x,t)$ 可以是任意一个非负整数，代表 t 时刻在格点 x 上的真实颗粒数目，满足 $N_r(x,t) = \sum_{i=1}^{N(x,t)} w_i$；统计颗粒场信息时，格点 x 上的颗粒速度 $u_p(x,t)$ 可表示为 $u_p(x,t) = \sum_{i=1}^{N(x,t)} w_i u_{p,i}/N_r$；其他信息可用类似方法表示，其中 w_i 和 $u_{p,i}$ 分别为 t 时刻在格点 x 上第 i 个模拟颗粒的数目权重和速度。由于 CA 模型中颗粒运动被规定在规则的网格点上，其得到的单个颗粒的运动轨迹必然与真实情况存在差异，但是从大量颗粒的统计结果来看，模型的计算结果是可信的。

2.4　双向耦合的 LB-CA 模型

根据颗粒所占体积分数(Φ_v)的大小，相间耦合可以分为三个等级[26]：单向耦合($\Phi_v < 10^{-6}$，忽略颗粒对流体的反作用力)、双向耦合($10^{-6} < \Phi_v < 10^{-3}$，必须考

虑流体和颗粒间的相互作用)和四向耦合($\varPhi_v > 10^{-3}$,除了流体和颗粒间的相互作用,还包括颗粒间的碰撞)[27]。在 LB-CA 模型中考虑双向耦合时,最主要的问题是在流场中加入颗粒的反作用力[28]。在 LBM 中,可以通过在分布函数演化方程中加入外力项的方法来实现相间耦合[29,30]:

$$f_i(x + e_i\Delta t, t + \Delta t) - f_i(x,t) = \frac{1}{\tau}[f_i^{eq}(x,t) - f_i(x,t)] + \boldsymbol{F}_i \cdot \Delta t \qquad (2.31)$$

$$\boldsymbol{F}_i = 3\alpha_i \mathbf{e}_i \cdot \boldsymbol{F}/c \qquad (2.32)$$

式中,$\boldsymbol{F}_i$ 代表颗粒对流体的反作用力;外力项 $\boldsymbol{F}$ 由两相间动量交换计算得到,$\boldsymbol{F} = -\dfrac{\rho_p}{\rho} V_r \sum_{k=1}^{M} \boldsymbol{F}_{pk}$;$M$ 为控制体积内固体颗粒数目;V_r 为颗粒体积和控制体积之比,$V_r = \dfrac{\pi}{6}\left(\dfrac{d_p}{\Delta x}\right)^3$;$\boldsymbol{F}_{pk}$ 为颗粒 k 所受到的外力,$\boldsymbol{F}_{pk} = \dfrac{d\boldsymbol{u}_p}{dt} = \dfrac{\boldsymbol{u}_f - \boldsymbol{u}_p}{\tau_p}$。

拉格朗日跟踪方法中,考虑颗粒-流体相互作用通常采用 PSIC(particle source in cell,单元中颗粒源项法)方法,此时在求解颗粒受力和流体受到的反作用力都需要进行插值计算,而且不同的插值方法对结果的精度影响较大。CA 方法中,颗粒的运动是在规则的网格点上,因此可避免插值计算流体所受颗粒反作用力,很方便地得到网格点上的所有颗粒对流体的反作用力[21]。通过 Chapman-Enskog 展开,宏观 Navier-Stokes 方程可由式(2.31)推导得到

$$\frac{\partial \boldsymbol{u}}{\partial t} + \nabla \cdot (\boldsymbol{uu}) = -\nabla p + Re^{-1}\nabla^2 \boldsymbol{u} + \boldsymbol{F} \qquad (2.33)$$

2.5　四向耦合的 LB-CA 模型

如果气固两相流中固体颗粒体积分数满足 $\varPhi_v > 10^{-3}$,则除了流体和颗粒间的相互作用外,还必须考虑颗粒间的碰撞,也就是说要建立四向耦合的 LB-CA 模型。考虑利用直接模拟蒙特卡洛(direct simulation Monte Carlo,DSMC)方法来模拟颗粒碰撞,根据模拟颗粒的数目权值是否相等,发展了两种 DSMC 方法来计算颗粒碰撞,分别为等权值 DSMC 方法和异权值 DSMC 方法。

2.5.1　等权值 DSMC 方法

DSMC 方法的重要思想是碰撞与解耦,正确的碰撞模型是模拟能否还原真实流动过程的关键。等权值 DSMC 方法认为所有模拟颗粒的数目权值都是相等的,

且在模拟过程中并不动态变化，这是一种最简单、最直接的模拟策略[31,32]，比较适合于模拟单分散颗粒群(即实际颗粒尺度相等且并不动态变化)等工况。

在确定了当前时刻末端网格点内的颗粒数目之后，接下来需要确定的就是网格中颗粒是否发生碰撞事件。本节主要介绍一种基于碰撞圆柱的概念来计算碰撞概率的理论，如图 2.9，其物理意义为：两个颗粒可能发生碰撞的区域是一个底面积为 $(d_i+d_j)^2 \cdot \pi/4$，高为 $|u_{pi}-u_{pj}|\Delta t$ 的圆柱，碰撞概率为碰撞圆柱体积与网格体积之比：

$$P_{ij} = \left|u_{pi} - u_{pj}\right| \times \pi \frac{(d_i + d_j)^2}{4} \times w' \times \Delta t \Big/ V = \beta \times w' \times \Delta t / V \qquad (2.34)$$

式中，w' 可视为模拟颗粒的归一化权值，考虑单分散颗粒时，可认为 $w'=1$；β 为碰撞核函数；V 为网格体积。

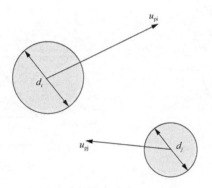

图 2.9　颗粒碰撞示意图

在碰撞对的选择上，采用接受-拒绝法。对于颗粒 i，不是先判断此颗粒是否发生碰撞，而是首先随机选择一颗模拟颗粒 j，通过如下条件判断 j 和 i 是否碰撞：如果 $r < \frac{j}{N} - P_{ij}$，不发生碰撞；如果 $r \geqslant \frac{j}{N} - P_{ij}$，发生碰撞，其中 N 为颗粒数目；r 为[0,1]之间均匀分布的随机数。碰撞过程如下实现：通过接受-拒绝法选择成功的碰撞对，根据该颗粒对的核函数，或选择过程中所有核函数的平均值，或者当前时刻所有碰撞对的核函数平均值来估计碰撞等待时间，直到累积时间超过时间步长 Δt。这里可以基于平均核函数计算等待时间，如下所示：

$$\Delta t_c = \frac{1}{VR} - \frac{1}{V\frac{1}{2}\sum_{i=1}^{N} C_i} = \frac{1}{V \times \frac{1}{2V^2}\sum_{i=1}^{N}\sum_{j=1}^{N}\beta_{ij}} = \frac{2V}{\sum_{i=1}^{N}\sum_{j=1}^{N}\beta_{ij}} \qquad (2.35)$$

式中，R 为单位体积内任何两颗粒碰撞速率；C_i 为单位体积内颗粒 i 与任何一个颗粒的碰撞速率。

在确定了碰撞的主动颗粒和伙伴颗粒之后，则认为这两个颗粒发生一次碰撞，碰撞之后，颗粒的速度会发生改变。对于碰撞后果的处理，采用通过假设碰撞角度来确定碰撞位置的方法[31]，并且认为颗粒为刚性球体，颗粒间的碰撞为完全弹性碰撞，不考虑碰撞产生颗粒旋转、黏附和滑移。

图 2.10(a) 为颗粒之间碰撞示意图。从图中可以看出，在原有的 (x, y, z) 坐标系中又建立了一个新的笛卡尔坐标系 (x', y', z')，其中，颗粒 i 和 j 的中心线作为 x' 轴；y' 轴位于 x' 轴和速度矢量 $|u_{pi} - u_{pj}|$ 确定的平面且垂直于 x' 轴；z' 轴垂直于 x' 轴和 y' 轴。

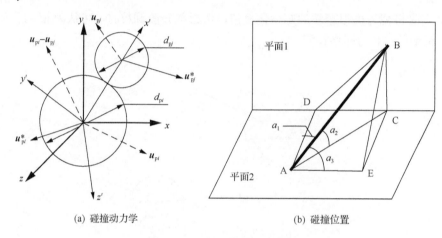

(a) 碰撞动力学　　　　　　　　(b) 碰撞位置

图 2.10　颗粒之间碰撞示意图

颗粒在碰撞过程中动量是守恒的，故可以得到颗粒碰撞前和碰撞后速度之间关系为

$$\begin{cases} u_{pi,x'}^* = u_{pi,x'} - J_{x'}/m_{pi}, v_{pi,y'}^* = v_{pi,y'}, w_{pi,z'}^* = w_{pi,z'} \\ u_{pj,x'}^* = u_{pj,x'} + J_{x'}/m_{pj}, v_{pj,y'}^* = v_{pj,y'}, w_{pj,z'}^* = w_{pj,z'} \end{cases} \quad (2.36)$$

式中，冲量 $J_{x'} = (u_{pj,x} - u_{pi,x})(2m_{pi}m_{pj})/(m_{pi} + m_{pj})$，$u_{pi}^*$ 和 u_{pj}^* 分别为颗粒 i 和 j 碰撞后的速度，下标加上 x、y、z 表示为 x、y、z 方向的速度。若需要考虑颗粒转动，则可以根据颗粒角动量守恒，在每个时间步长结束后，更新颗粒的角速度。

为了确定颗粒之间碰撞位置以计算颗粒碰撞后速度，将原有 (x, y, z) 坐标系转换成了 (x', y', z') 坐标系，如图 2.10(b) 所示。A 和 B 分别代表颗粒 i 和 j 的质量中心；AB 长度为两个颗粒粒径之和 $(d_{pi} + d_{pj})/2$；A 和 B 分别位于平面 1 和平面 2，平面 1 垂直于平面 2，BC 垂直于平面 1，AD 垂直于平面 2，AE 平行于平面 2；

AB 和 AD、AB 和 AC、AB 和 AE 之间的夹角分别为 a_1、a_2 和 a_3。三个夹角之间的关系如下所示：

$$\cos a_3 = \sqrt{\left| \sin^2 a_1 - \sin^2 a_2 \right|} \tag{2.37}$$

假设颗粒碰撞位置在颗粒 i 表面每点都具有相同的概率，采用随机方法生成两个随机数 a_1, a_2 ($a_1, a_2 \subset [0, 360°]$)，根据式 (2.30) 可以得到 a_3 大小。联立式 (2.29)，可以得到颗粒碰撞后速度。

2.5.2 异权值 DSMC 方法

对于多分散颗粒群，由于稠密区间实际颗粒数目较多，稀疏区间实际颗粒数目较少，如果采用等权值的模拟颗粒来代表这些实际颗粒，将导致绝大部分模拟颗粒均分布在稠密区间，稀疏区间的模拟颗粒数目较少甚至没有，这将影响统计精度。因此，往往在此时采用异权值模拟颗粒，稠密区间模拟颗粒权值较大，稀疏区间模拟颗粒权值较小，模拟颗粒在整个颗粒谱空间分布相对均匀，这对于抑制统计噪声和提高计算精度非常有益。本节主要介绍了异权值 DSMC 方法 (differentially weighted direct simulation Monte Carlo，DWDSMC) 中不同于等权值 DSMC (equally weighted direct simulation Monte Carlo，EWDSMC) 方法几点：颗粒之间碰撞概率、时间步长的限制及碰撞后的处理。

1. 颗粒-颗粒碰撞概率

本节考虑模拟颗粒权值不等时颗粒之间的碰撞概率，并根据之前发展的凝并概率规则[33]发展碰撞概率规则。2.5.1 节介绍了基于圆柱模型时颗粒之间碰撞的概率计算方法 (颗粒数目权值相等时)，该式对异权值颗粒同样适用。

对于模拟颗粒 i 和 j，其权值分别为 w_i 和 w_j、直径为 d_{pi} 和 d_{pj}、质量为 m_{pi} 和 m_{pj}、速度为 $\boldsymbol{u}_{pi}$ 和 $\boldsymbol{u}_{pj}$。模拟颗粒 i 中每一个真实颗粒发生碰撞的概率为 $\min(w_i, w_j)/w_i$，而模拟颗粒 j 中每一个真实颗粒发生碰撞的概率为 $\min(w_i, w_j)/w_j$。因此，模拟颗粒 i 和 j 中只有 $\min(w_i, w_j)$ 个真实颗粒发生了碰撞，模拟颗粒 i 和 j 之间碰撞概率为

$$P'_{ij} = \frac{\beta_{ij} w_j}{V_s} \frac{2 w_i w_j}{(w_i + w_j) \min(w_i, w_j)} = \frac{\beta_{ij} w_j}{V_s} \frac{2 \max(w_i, w_j)}{w_i + w_j} \tag{2.38}$$

$$\beta_{ij} = \pi (r_i + r_j)^2 c_r \tag{2.39}$$

式中，V_s 为控制系统体积；β_{ij} 为颗粒 i 和 j 的碰撞核，其物理意义是：单位时间

内两颗粒的有效碰撞区域是一个高为 c_r、截面积为 $\pi(r_i+r_j)^2$ 的圆柱区域（碰撞圆柱）；c_r 为颗粒 i 和 j 之间的相对速度，$c_r=|\boldsymbol{u}_{pi}-\boldsymbol{u}_{pj}|$。

由上式可知，模拟颗粒 i 与系统中其他模拟颗粒之间发生碰撞的总概率 P_t' 为

$$P_i' = \frac{\sum_{j=1,j\neq i}^{N_f} P_{ij}'}{V_s} = \frac{1}{V_s^2} \sum_{j=1,j\neq i}^{N_f} \beta_{ij} w_j \frac{2\max(w_i,w_j)}{w_i+w_j} \tag{2.40}$$

式中，N_f 为模拟颗粒总数目。当 $w_i=w_j=w$ 时，$P_{ij}'=P_{ij}=\pi(d_i+d_j)^2 c_r w\Delta t/(4V_s)$，故 $P_t'=P_i$，故等权值颗粒碰撞是异权值碰撞概率规则的一种特殊情况。

2. 时间步长确定

DSMC 方法最基本的假设是运动与碰撞的耦合，即要求在单位时间步长内颗粒的运动与碰撞可以分开单独处理，因此，单位时间步长 Δt 要小于颗粒碰撞时间 τ_c（即颗粒碰撞一次所需时间）：

$$\Delta t \leqslant \tau_c = \frac{1}{V_s C_{i,l}} = \frac{V_s}{w_j \sum_{j=1,j\neq i}^{N_f} \beta_{ij}} = \frac{4V_s}{w_j \sum_{j=1,j\neq i}^{N_f} \pi(d_{pi}+d_{pj})^2 (u_{pi}-u_{pj})} \tag{2.41}$$

此外，认为只有同一个控制体积（网格）内的两个模拟颗粒才能发生碰撞，当控制体积体积过大时则与实际物理中情况不相符合，故颗粒在单位时间步长内移动距离需小于控制体积边长，即

$$\Delta t \leqslant \min\left(\frac{l_k}{v_{pi}^{max}}\right)(k=1,2,3) \tag{2.42}$$

这里采用改进的 Nanbu 方法选取颗粒碰撞对，在改进的 Nanbu 方法中对时间步长有一定限制，即 $P_{ij}' < 1/N^{(l)}$，故时间步长 Δt 应满足

$$\Delta t < \frac{V_s}{2\beta_{ij}N^{(l)}} \frac{w_i+w_j}{w_j \max(w_i,w_j)} \tag{2.43}$$

联立式（2.41）和式（2.42），则时间步长 Δt 满足条件为

$$\Delta t \leqslant \min\left(\tau_c, \frac{l_k}{v_{pi}^{max}}, \frac{V_s}{2\beta_{ij}N^{(l)}} \frac{w_i+w_j}{w_j \max(w_i,w_j)}\right) \tag{2.44}$$

3. 颗粒碰撞处理

对于权值不等的两个模拟颗粒 i 和 $j(w_i > w_j)$ 之间碰撞，则意味着 w_i 个实际颗粒与 w_j 个实际颗粒参与了碰撞，故实际发生的碰撞事件数为 $\min(w_i, w_j)$，即 w_j。因此，可以将模拟颗粒 i 分成 1 和 2 两个颗粒，其权值分别为 w_j 和 w_i-w_j，其他性质与模拟颗粒 i 相同。模拟颗粒 1 与 j 发生碰撞，其碰撞动力学符合等权值颗粒碰撞，模拟颗粒 2 不参与碰撞过程。这个过程颗粒参数变化如下所示：

$$\begin{cases} (w_1)_{\text{new}} = (w_j)_{\text{old}}; (m_{\text{p1}})_{\text{new}} = (m_{\text{pi}})_{\text{old}}; (u_{\text{p1}})_{\text{new}} = u_{\text{pi}}^* \\ (w_2)_{\text{new}} = (w_i)_{\text{old}} - (w_j)_{\text{old}}; (m_{\text{p2}})_{\text{new}} = (m_{\text{pi}})_{\text{old}}; (u_{\text{p2}})_{\text{new}} = (u_{\text{pi}})_{\text{old}} \\ (w_j)_{\text{new}} = (w_j)_{\text{old}}; (m_{\text{pj}})_{\text{new}} = (m_{\text{pj}})_{\text{old}}; (u_{\text{pj}})_{\text{new}} = u_{\text{pj}} \end{cases} \quad (2.45)$$

式中，下标"old"和"new"分别表示碰撞前和碰撞后。

需要注意的是，采用上述方法计算异权值颗粒之间碰撞，会使得系统模拟颗粒数目不断增加，因为每次碰撞事件发生都会增加一个模拟颗粒。必须采取相应方法减少模拟颗粒数目，减少模拟计算代价。我们发展了两种方法来保持模拟颗粒数目恒定。

1) 分解—恢复方法

Matsoukas 等[34]发展常数目方法来对颗粒动力学演变过程(如凝并、破碎、成核、冷凝/蒸发等)进行颗粒群平衡 Monte Carlo 模拟，可以保持计算系统模拟颗粒数目守恒，不论是某些颗粒动力学事件(如凝并事件)导致颗粒数目减少，抑或是某些事件(如破碎事件)导致模拟颗粒数目增加。本节借鉴常数目方法提出了质量、动量或能量守恒方法来保持计算系统模拟颗粒数目[35]。下面简单介绍了三种方法。

质量守恒方法：每当发生一次异权值颗粒碰撞事件后，则从子系统(这里指的是发生碰撞的网格)中随机选取一个模拟颗粒丢弃，更新剩余模拟颗粒的权值，以保持系统颗粒总质量不变。

动量守恒方法：恢复颗粒方法与质量守恒方法一致，但更新剩余模拟颗粒的权值，以保持系统颗粒总动量不变。

能量守恒方法：恢复颗粒方法与质量守恒方法一致，但更新剩余模拟颗粒的权值，以保持系统颗粒总能量不变。

图 2.11 为异权值颗粒碰撞示意图，一共分为颗粒碰撞前、颗粒碰撞后，模拟颗粒数目未恢复、恢复模拟颗粒总数目三个阶段。我们将这种处理方法统称为分解—恢复方法(split-restoration scheme，SRS)。

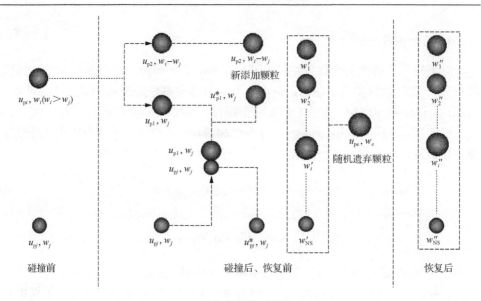

图 2.11　异权值颗粒碰撞示意图

表 2.1 为用分解—恢复方法计算异权值颗粒碰撞时不同阶段子系统参数的变化。其中，M_{ts}、P_{ts}、E_{ts} 分别为颗粒碰撞前系统的质量、动量和能量；w_e、m_{pe}、v_{pe} 分别为丢弃颗粒的权值、质量和速度；w_i、m_{pi}、v_{pi} 分别为模拟颗粒 i 在碰撞前阶段时的权值、质量和速度；w_i'、m_{pi}'、v_{pi}' 分别为模拟颗粒 i 在颗粒碰撞后，模拟颗粒数目未恢复阶段时的权值、质量和速度；w_i''、m_{pi}''、v_{pi}'' 分别为模拟颗粒 i 在恢复模拟颗粒总数目阶段时的权值、质量和速度。在分解—恢复方法中，我们只需在恢复模拟颗粒总数目阶段更新颗粒权值保持系统参数（质量/动量/能量）不变。故 $m_{pi}=m_{pi}'=m_{pi}''$，$v_{pi}'=v_{pi}''$，$v_{pi}\neq v_{pi}'$。在质量守恒方法中，恢复模拟颗粒总数目后剩余模拟颗粒权值表达式为

$$M_{ts}'' = \sum\nolimits_{i=1}^{N_s} w_i'' m_{pi} = \sum\nolimits_{i=1}^{N_s+1} w_i' m_{pi} = \sum\nolimits_{i=1}^{N_s} w_i' m_{pi} + w_e m_{pe} = M_{ts}' \left(= M_{ts} = \sum\nolimits_{i=1}^{N_s} w_i m_{pi} \right)$$

$$w_i'' = \frac{M''_{ts} + w_e m_{pe}}{M''_{ts}} w_i' \tag{2.46}$$

式中，M_{ts}' 为颗粒碰撞后模拟颗粒数目未恢复阶段时系统总质量；M_{ts}'' 为恢复模拟颗粒总数目阶段时系统总质量。

表 2.1 不同阶段子系统参数变化

系统参数	碰撞前	碰撞后	恢复颗粒
颗粒总数目	N_s	N_s+1	N_s
颗粒总质量	$M_{ts} = \sum_{i=1}^{N_s} w_i m_{pi}$	$M'_{ts} = \left(\sum_{i=1}^{N_s} w'_i m_{pi} \right) + w_e m_{pe}$	$M''_{ts} = \sum_{i=1}^{N_s} w'_i m_{pi}$
颗粒总动量	$P_{ts} = \sum_{i=1}^{N_s} w_i m_{pi} v_{pi}$	$P'_{ts} = \left(\sum_{i=1}^{N_s} w'_i m_i v_{pi} \right) + w_e m_{pe} v_{pe}$	$P''_{ts} = \sum_{i=1}^{N_s} w'_i m_{pi} v_{pi}$
颗粒总能量	$E_{ts} = \frac{1}{2} \sum_{i=1}^{N_s} w_i m_{pi} v_{pi}^2$	$E'_{ts} = \frac{1}{2} \sum_{i=1}^{N_s} w'_i m_{pi} v_{pi}^2 + \frac{1}{2} w_e m_{pe} v_{pe}^2$	$E''_{ts} = \frac{1}{2} \sum_{i=1}^{N_s} w'_i m_{pi} v_{pi}^2$

同样，可以得到动量守恒方法和能量守恒方法时，剩余模拟颗粒权值的表达式分别为

$$w''_i = \frac{P''_{ts} + w_e m_{pe} v_{pe}}{P''_{ts}} w'_i \tag{2.47}$$

$$w''_i = \frac{E''_{ts} + 0.5 w_e m_{pe} v_{pe}^2}{E''_{ts}} w'_i \tag{2.48}$$

2) 颗粒权值守恒方法

因为 SRS 方法并不能在颗粒碰撞过程中同时保持颗粒质量、动量和能量守恒，所以该方法最终得到的结果具有随机不确定性。Boyd 等[36]在 1996 年提出了分子权值守恒方法，可以用来处理稀薄气体动力学中不同权值之间分子的碰撞，并在整个分子碰撞过程中可以线性的保持分子的质量、动量和能量守恒。我们借鉴了 Boyd 方法中的数学思想，提出了颗粒权值守恒方法(conservative particle weighting, CPW)[37]。

在 CPW 方法和 SRS 方法采用同样的策略来处理异权值颗粒碰撞，即：对于权值不等的两个模拟颗粒 i 和 $j(w_i > w_j)$ 之间碰撞，可以将模拟颗粒 i 分成 1 和 2 两个颗粒，其权值分别为 w_j 和 $w_i - w_j$，其他性质与模拟颗粒 i 相同。模拟颗粒 1 与 j 发生碰撞，其碰撞动力学符合等权值颗粒碰撞，模拟颗粒 2 不参与碰撞过程。同样，由于颗粒的分解导致模拟颗粒数目增加，需要采取相应方法来保持系统模拟颗粒数目不变。CPW 方法与 SRS 方法不同之处在于恢复模拟颗粒数目的方案。

在 CPW 方法中，我们在碰撞后将分解的模拟颗粒 1 和 2 合并，在合并的过程中保持系统的动量守恒。模拟颗粒 1 和 2 的总动能为

$$P_{pi} = m_{pi} \lfloor w_j \mathbf{u}_{pi}^* + (w_i - w_j) \mathbf{u}_{pi} \rfloor \tag{2.49}$$

式中，上标 "*" 表示碰撞后的颗粒参数变量。

令 $\eta=w_j/w_i$，可以得到碰撞后模拟颗粒 i 的速度：

$$\boldsymbol{u}'_{\mathrm{p}i} = \frac{P_{\mathrm{p}i}}{m_{\mathrm{p}i}} = \eta\boldsymbol{u}^*_{\mathrm{p}i} + (1-\eta)\boldsymbol{u}_{\mathrm{p}i} \tag{2.50}$$

式中，"'"表示的是合并后颗粒参数变量。然而，在颗粒合并过程中并不能同时保持能量守恒，故需要分析合并过程中能量的损失。颗粒合并前系统的能量为

$$E_{\mathrm{p}i} = \frac{1}{2}m_{\mathrm{p}i}[w_j\boldsymbol{u}^{*}_{\mathrm{p}i}{}^2 + (w_i - w_j)\boldsymbol{u}_{\mathrm{p}i}{}^2] \tag{2.51}$$

联立方程式(2.49)~式(2.51)，可以得到合并过程中，颗粒能量损失为

$$\Delta E'_{\mathrm{p}i} = \frac{1}{2}m_{\mathrm{p}i}w_i\boldsymbol{u}'_{\mathrm{p}i}{}^2 - \frac{1}{2}m_{\mathrm{p}i}[w_j\boldsymbol{u}^{*}_{\mathrm{p}i}{}^2 + (w_i - w_j)\boldsymbol{u}_{\mathrm{p}i}{}^2] = \frac{1}{2}m_{\mathrm{p}i}w_i\eta(1-\eta)(\boldsymbol{u}^*_{\mathrm{p}i} - \boldsymbol{u}_{\mathrm{p}i})^2 \tag{2.52}$$

当两个颗粒权值相等时，即 $w_i=w_j$，$\eta=1$，$\Delta E'_{\mathrm{p}i} = 0$，颗粒能量保持守恒。图 2.12 为 CPW 方法处理异权值颗粒碰撞过程示意图。

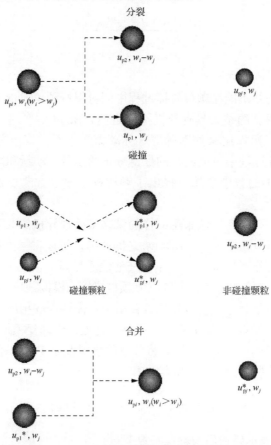

图 2.12　CPW 方法处理异权值颗粒碰撞过程示意图

根据式(2.52)，在每次异权值颗粒碰撞中，子系统(发生颗粒碰撞的网格)将不断地会有能量损失。为了解决这个问题，则需要追踪每个网格损失的能量，并将能量损失补回。统计每个网格因异权值颗粒碰撞损失的能量，直到检测到等权值颗粒碰撞，且颗粒权值为 w_i，则通过增加颗粒对相对速度来补回已损失的能量。因此，在所有迭代模拟过程中系统的能量保持线性守恒。

2.6　LB-CA 模型验证

后台阶流动工况有着重要的工业背景，在单相后台阶流动中存在着边界层分离、附着和再发展等特征还有复杂的涡结构演变。而后台阶气固两相流中的情况更加复杂，除了单相情况下具备的一些特征现象之外，还存在颗粒局部富集等现象。因此，后台阶气固两相流非常适合作为一种基准工况来检验气固两相流模型[28]。

针对后台阶流动的实验和数值模拟都已有学者进行了许多研究工作。在单相后台阶流动方面，以 Armaly 等[38]的实验最为经典。Armaly 等通过多普勒激光测量的手段研究了不同雷诺数(Re)下(从层流到过渡流最终发展到湍流)，流体分离和再附着位置的变化。随后，有许多学者对后台阶单相流动进行了数值模拟，并以 Armaly 的实验作为基准，以此来验证自己的模型。在后台阶两相流方面，Eaton和 Fessler[39]通过实验考察了铜颗粒和玻璃颗粒在后台阶流动中的平均和脉动速度，同时也测量了有颗粒存在的情况下流场的变化。之后许多的模拟工作都以Eaton 和 Fessler 的实验作为比较的基准，如 Mohanarangam 和 Tu[40]使用双流体模型模拟了该实验，比较了流体和颗粒的平均及脉动速度；Yu 和 Lee[41]以该实验为模拟对象对不同相间作用力模型进行了评估。

本书主要利用 LB-CA 模型对 Armaly 等[38]、Eaton 和 Fessler[39]的后台阶流动实验进行模拟，并与实验值以及其他模型的模拟结果进行对比，以此来验证模型的精度。

2.6.1　LB 模型验证

随着雷诺数的不断升高，后台阶流动逐渐从层流($Re<1200$)发展到过渡流($1200<Re<6600$)，最终达到湍流($Re>6600$)[38]。其中分离和再附着长度的变化是后台阶流动内流场变化的重要特征。Armaly 等[38]通过激光多普勒测量了这些特征长度随雷诺数的变化情况。本节利用格子 Boltzmann 方法加上 Smagorinsky 亚格子模型，研究特征长度随雷诺数的变化过程，并与实验结果进行比较，以验证模型的准确性[21]。此处采用的网格分辨率为 50×750，入口边界条件为速度边界(速度剖面呈抛物线)，出口认为是充分发展的，其余固体壁面采用无滑移边界条件，后台阶流场如图 2.13 所示，H 为台阶高度。

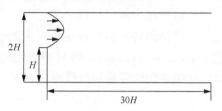

图 2.13　后台阶流场示意图

如图 2.14 所示，在层流区内，再附着长度 x_1 随着雷诺数的增大而增大。而当流场处于过渡区时（$1200 < Re < 6600$），再附着长度首先急剧下降，然后下降趋势减缓且较不规则，直至在雷诺数在 5500 左右时达到最小值。随后，当雷诺数升高到 6600 时，x_1 又逐渐增大到一定值。此后流场开始处于湍流区内，x_1 基本不再随雷诺数而变化。当雷诺数大于 400 时，另外一个回流区出现在台阶下游，上壁面附近。随着雷诺数的增大，回流区逐渐向入口处移动，从而压缩了再附着长度 x_1。当流动达到湍流时（$Re > 6600$），第二回流区消失不见。图 2.14 中，发现格子 Boltzmann 方法模拟结果与实验结果较为接近，包括第二回流区起始位置 x_2 和结束位置 x_3，证实了流场模拟的准确性。当然，两者结果仍然存在一些差距，特别是雷诺数较大时，一个可能的原因是三维实验与二维模拟之间的差异导致。图 2.15 为雷诺数取 496 和 3000 时的流场内涡旋演化过程，可见在层流流场内，流动可以达到稳定，而在过渡区内，流场保持波动。

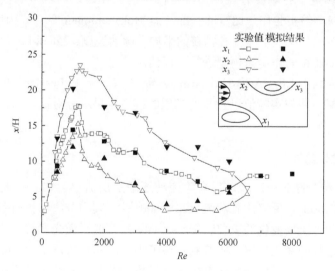

图 2.14　回流区长度与雷诺数的关系

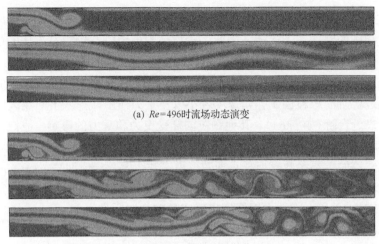

(a) Re=496时流场动态演变

(b) Re=3000时流场动态演变

图 2.15　不同雷诺数条件下涡的演化过程

2.6.2　CA 模型验证

为了验证 CA 概率模型在描述颗粒运动过程的准确性，比较 LB-CA 模型和 LB-Lagrangian 方法得到的颗粒轨迹[21]。为了得到清晰的轨迹图形，选择较为稀疏的后台阶气固两相流（流场属于层流，Re=496）作为模拟对象，且只考虑单向耦合的情况。层流后台阶流动在台阶后方具有稳定的涡旋结构，且流场无波动。计算区域网格分辨率为 30×450，入口为抛物线速度入口，出口认为是充分发展。

LB-Lagrangian 方法和 LB-CA 方法在此用于考察颗粒轨迹和速度。图 2.16 为两种方法描述颗粒运动过程的示意图（从位置 A 到位置 D，A→B→C→D）。LB-Lagrangian 方法中颗粒运动受牛顿方程控制，颗粒轨迹可以清楚确定，某一时刻的颗粒位置一般不在某个特定的网格点上。

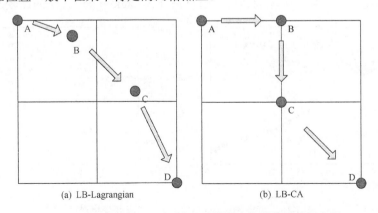

(a) LB-Lagrangian　　　　　　　　　　(b) LB-CA

图 2.16　LB-Lagrangian 和 LB-CA 模型中的颗粒运动示意图

  LB-CA 方法同样使用牛顿方程确定颗粒往相邻格点运动的概率，离散相的颗粒只能在规则的网格点上运动。因此，颗粒受到曳力以及颗粒对流体的反作用力都可以方便地计算得到，双向耦合也可以较容易得到实现。

  图 2.17 为 4 个特定注入位置颗粒(编号为 part1、2、3、4)在流场中的轨迹对比图。靠近台阶的颗粒由于初始速度较小以及重力作用，掉入了回流区，且运动轨迹逐渐靠近台阶(如 part1)。其他颗粒同样受曳力和重力的影响，他们中的一部分可以运动到出口(part3 和 part4)，另外一部分则与下壁面发生碰撞(如 part2)。影响颗粒轨迹的主要参数有斯托克斯数、雷诺数等等。一般而言，LB-CA 模型得到的颗粒轨迹存在轻微的波动，而 LB-Lagrangian 方法得到的轨迹是确定的，这个差异是因为 LB-CA 方法中以概率来确定颗粒位置所带来的。

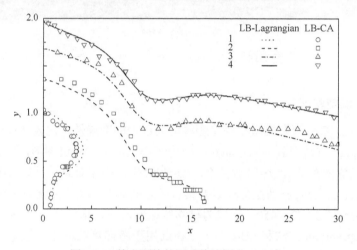

图 2.17 特定颗粒的运动轨迹图(Re=496)

  图 2.18 显示了颗粒 part3 在运动过程中的速度变化。由于涡旋的存在，颗粒的法相速度变化程度大于流向速度。通过与 LB-Lagrangian 方法的比较发现，不

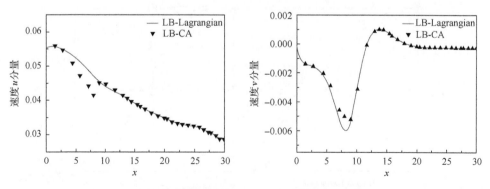

图 2.18 特定颗粒(part3)x、y 方向速度变化过程

仅颗粒轨迹吻合较好，LB-CA 模型在描述颗粒速度变化上也达到了相当的精度。在 LB-CA 模型中，颗粒总是位于规则网格点上，因此得到的颗粒轨迹不是那么光滑，同样也导致了颗粒速度存在一定偏差，尤其是在速度场变化较明显的地方(例如 $5<x<10$，上壁面存在回流区时)。

2.6.3 考虑双向耦合的 LB-CA 模型验证

1. 模拟条件

现实中的气固两相流往往都属于湍流。除了湍流本身的随机性，颗粒的存在更会增强这种随机性，这都使得湍流多相流的模拟大大复杂于层流多相流。事实上，小颗粒可以视作质点，而大颗粒气固两相流模拟则必须考虑颗粒的尺寸以及颗粒后方尾涡[26]。我们利用 LB-CA 模拟后台阶气固两相湍流，并与 Fessler 和 Eaton[21] 的经典实验进行对比。计算区域如图 2.19 所示：后台阶扩张率为 5∶3，以台阶高度 H(=26.7mm)为特征长度的雷诺数为 18400，入口中心线流体速度为 U_0=10.5m/s，槽道长度为 34H。网格分辨率为 50×680，模拟颗粒为铜颗粒，粒径和密度分别为 d_p=70μm、ρ_p=8800kg/m^3。颗粒质量载荷为 0.1。实验发现，颗粒与流体的平均速度差在 0～1.0m/s，因此在此模拟中假设颗粒初始速度为当地流体速度的 95%。模拟中边界处理均采用非平衡态外推方法，颗粒与壁面之间的碰撞视为完全弹性碰撞的镜面反射。

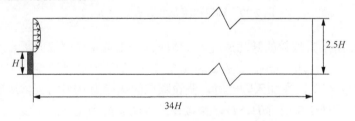

图 2.19 后台阶气固两相流计算区域

2. 离散相速度

图 2.20 为 70μm 粒径的铜颗粒在几个特定截面上(x/H=2, 5, 7, 9)的流向平均速度。很明显，双向耦合的结果与实验值符合程度比单向耦合更好。颗粒的速度剖面图与气相速度剖面图类似(将在下文中给出)。在分离区附着到台阶处(x/H=2,5)，双向耦合结果十分接近实验测量值。台阶下游上壁面附近回流区内，双向耦合颗粒速度通常大于单向耦合速度结果，并且，两种模型结果在颗粒速度上的差距大于气相速度在双向和单向耦合结果上的差距。在主流区内，双向耦合时的颗粒速度通常小于单向耦合结果，并且，两种模型结果之间的差距小于连续相在双向和单向耦合结果上的差距。在下壁面附近的重新附着区内，两种耦合方式得到的结果均显示出了

更多的波动性，且与实验结果存在轻微差异。这主要是由于进入台阶后方回流区内的颗粒数量较少，在样本量较少的情况导致了统计噪声。比较连续相和颗粒之间的速度可以发现，颗粒的速度剖面变化较为平缓，这就意味着湍流涡强度由于颗粒的存在而被减弱。这点符合已有的"小颗粒减弱湍流而大颗粒增强湍流"的结论[42,43]。

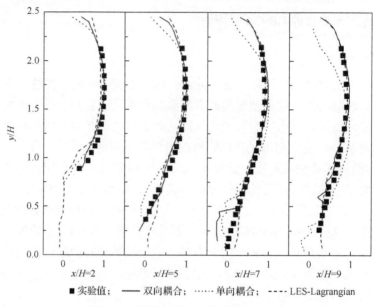

图 2.20   颗粒相流向平均速度($\bar{u}_\mathrm{p}/U_0$)

图 2.21 所示为颗粒的脉动速度。大体而言，LB-CA 模型双向耦合结果与实验结果比较一致。有几个位置($x/H=2$ 和 $x/H=5$ 处)的流向脉动速度与实验值存在明显差异。原因在于，在加入颗粒时，假设颗粒的速度为 95%的流体速度，在靠近入口的地方($x/H=2,5$ 且 $y/H>1$)，颗粒并没有能够得到充分的发展，因此脉动较小；另外一点在于，台阶后方回流区内($x/H=2,5$ 且 $y/H<1$)只有少量颗粒进入，统计结果呈现出明显的波动且低估了颗粒的脉动速度。图 2.22 中同时也给出了颗粒的法向脉动速度，这在其他文献中很少有提到，可见，LB-CA 模型的双向耦合结果与实验测量值较为一致。

Mohanarangam 和 Tu[40]也使用了双流体模型模拟该经典实验，考察了颗粒的脉动速度。图 2.21 中同样给出了 Mohanarangam 和 Tu 的双流体模型的结果。图中可知，双流体模型在上下壁面附近高估了颗粒的脉动速度，且流向脉动速度的在剖面上的整个变化趋势与实验结果明显不同。LB-CA 模型克服了上述问题，与实验结果符合更好。

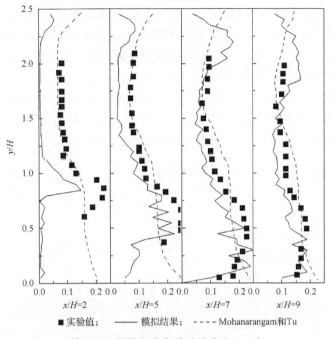

图 2.21　颗粒相流向脉动速度（u'_p/U_0）

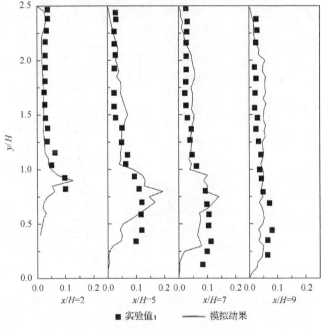

图 2.22　颗粒相法向脉动速度（v'_p/U_0）

有些学者使用其他多相流模型对 Fessler 和 Eaton 的实验进行了模拟。Yu 等[44]使用大涡模拟(large eddy simulation，LES)加上 Lagrangian 跟踪的方法(LES-Lagrangian)模拟该实验。图 2.23(a)为 LES-Lagrangian 和 LB-CA 模型得到的颗粒流向平均速度的对比。整体而言，两种模型在速度剖面的预测上具有几乎相同的精度。Fesslor 和 Eaton[21]使用了双流体模型(k-ε-Ap 和 k-ε-kp)对实验进行了模拟。图 2.23(b)为 LB-CA 模型和两种双流体模型的颗粒平均速度的对比。虽然在颗粒流向平均速度上三种模型的表现都比较接近，但是在颗粒法向平均速度的计算中，LB-CA 模型的结果要明显优于另外两种双流体模型的结果。

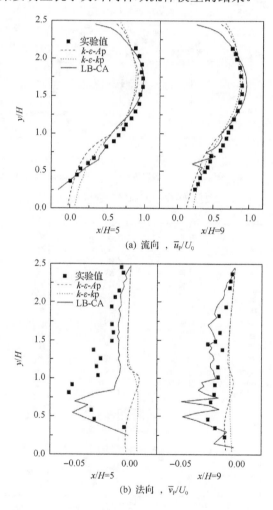

图 2.23 颗粒相平均速度与双流体模型结果的比较

3. 连续相速度

图 2.24 为存在粒径为 70μm 铜颗粒的条件下气相流场的流向平均速度。涡旋

出现在台阶后方，导致气相流向速度产生负值，形成一个双峰结构。一个峰值出现在 y/H=1.5～2.0 处，另一个反方向的峰值出现在 y/H=0.5 的位置。随着流场的不断发展，回流区以及速度剖面的双峰结构逐渐消失。沿着流动方向，下壁面以此出现有角涡区、主回流区和充分发展区。而在此雷诺数下，台阶后方靠近上壁面处的第二回流区并不存在。

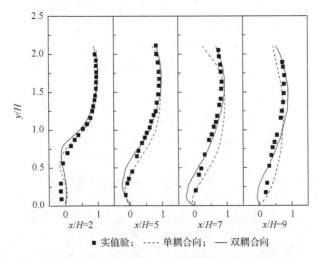

图 2.24　颗粒存在情况下气相流向平均速度（$\bar{u}_f/U_0$）

　　整体而言，双向耦合结果和实验结果[39]较为一致。相反，单向耦合结果与实验观测到的值存在一定差异，尤其是壁面上方存在涡旋的区域（x/H=7,9；$y/H>1.5$）和主流区。这表示，在此工况中，颗粒对流体的反作用力不能忽略。在上壁面涡旋产生并发展的区域内，单向耦合情况下流体速度小于双向耦合的结果。实际上，在上壁面涡旋区域内，流体整体向前移动，局部出现回流的情况，颗粒对流体的反作用在一定程度上阻碍了流体的回流。在主流区和流体再附着区内，单向耦合情况下得到的流体速度大于双向耦合的结果，同样可以用颗粒的阻碍效应来解释。实际上，由于重力和倾向性弥散效应，颗粒在下壁面富集，导致了颗粒对涡旋结构的影响加剧。颗粒浓度越大，其反作用力造成的影响越明显。

　　图 2.25 为有颗粒存在时的流体脉动速度，很少有文献给出有关结果，尤其是流体的法向脉动。对于流体的法向脉动速度，模拟结果（双向耦合）与实验结果整体吻合较好，而两者的流向脉动速度还存在明显的差异。因为入口采用速度进口边界条件，也就是说，流体的入口速度保持恒定，所以导致了在靠近入口处（x/H=2,5 且 $y/H>1.0$）模拟得到的脉动速度与实验结果相比偏小，尤其是在流向脉动速度上。

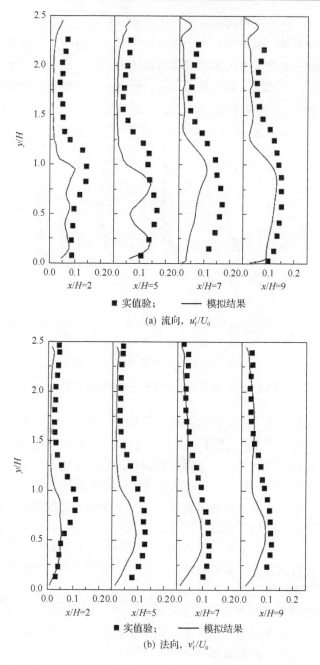

图 2.25　颗粒存在条件下气相脉动速度

4. 相间作用

气固协方差是多相流中的一个重要参数，常常用来表示连续相和离散相之间的相互作用。Yu 等[41]以 LES-Lagrangian 模型结果为标准，考察了气固协方差来评估几种不同二阶封闭模型的精度。不同的封闭模型及其缩写表示如下。

PH 模型[45]：

$$\overline{u_g' u_p'} = 2k_g \frac{\tau_L}{\tau_p + \tau_L} \tag{2.53}$$

Chen 模型[46]：

$$\overline{u_g' u_p'} = 2k_g e^{-B\tau_p/\tau_L} \tag{2.54}$$

式中，k_g 为流体湍动能；τ_p 为颗粒松弛时间；τ_L 为流体的拉格朗日积分时间尺度；B 为某个经验常数。

LB-CA 模型的结果和其他三种模型结果的比较如图 2.26 所示。若将 LES-Lagrangian 模型结果视作标准，那么 Chen 的模型得到的结果最接近此标准，LB-CA 次之，而 PH 模型明显高估了 $\overline{u_f' u_p'}$ 的值。需要指出的是，Chen 模型中需要根据不同情况来确定一个经验常数（此处 B=0.5）。LB-CA 模型结果优于 PH 模型，虽然在某些区域结果与 LES-Lagrangian 模型结果存在差异，但是整体上较符合。

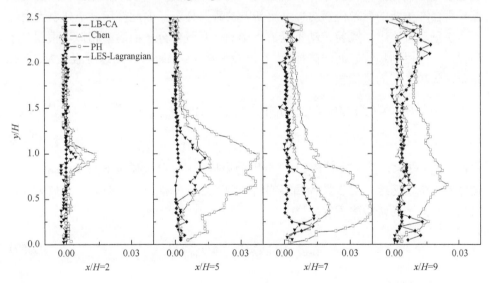

图 2.26　不同模型计算得到的相间作用 $\overline{u_f' u_p'}$

2.6.4　考虑四向耦合的 LB-CA 模型验证

1. 理想的粗重颗粒流

颗粒的平均碰撞率 N_c 指的是单位体积、单位时间内颗粒之间碰撞的次数，其

表达式为

$$N_c = N_{ct} / (V_s \Delta t) \tag{2.55}$$

式中，N_{ct} 为单位时间步长 Δt 内计算系统颗粒发生碰撞的次数。

在一些极限条件下，比如，简单的均质剪切流中无惯性颗粒的运动（$\tau_p \ll \tau_k$，其中 τ_p 是颗粒松弛时间，τ_k 是湍流 Kolmogorov 时间尺度）和自由分子区重颗粒运动（$\tau_p \gg T_e$，其中 T_e 是流体的积分时间尺度），可以得到理论的颗粒平均碰撞率。在重颗粒流中，由于颗粒的运动不受流体的影响，所以颗粒碰撞是改变颗粒运动状态唯一方式。

我们采用 SRS 方法计算了自由分子区重颗粒流，比较了三种不同颗粒数目恢复方法，并与直接数值模拟方法（direct numerical simulation，DNS）和 EWDSMC 方法计算得到的结果对比验证[35]。在 DNS 方法中，检测颗粒碰撞方法是追溯法，由于先发生碰撞的颗粒对可能会对后面检测到的碰撞产生影响，所以每次计算颗粒碰撞后需要重新更新颗粒碰撞列表。为了减少计算代价，对初次检测到所有可能发生碰撞的颗粒列表（颗粒编号和碰撞的时刻）进行了优化。从列表中计算最早发生碰撞的颗粒对，检测该颗粒碰撞对运动状态改变对列表中其他碰撞对影响以及是否会产生新的颗粒碰撞对，并更新颗粒碰撞列表。如此循环直至列表为空。

在重颗粒流中，颗粒运动不受流体影响，和气体分子的运动相似。根据分子动理论可以得到颗粒之间的碰撞核。在湍流流动中，当颗粒初始速度服从 Maxwell 分布，颗粒之间的碰撞核为

$$\beta_{ij} = ([16\pi(E_{pi} + E_{pj}) / 3]^{1/2} (d_{pi} + d_{pj})^2 / 4 = (6 / \pi)^{1/6} (E_{pi} + E_{pj})^{1/2} (V_{pi}^{1/3} + V_{pj}^{1/3})^2 / 4 \tag{2.56}$$

式中，$E_{pi}(=\Sigma_i < u'_{pi}{}^2 > /2)$、$V_{pi}$、$u'_{pi}$ 分别为模拟颗粒 i 单位质量下的平均动能、颗粒体积和脉动速度。对于粒径相等的两个颗粒之间碰撞，单位时间、单位体积内颗粒之间的平均碰撞率 $N_{c,\text{theroy}}$ 为

$$N_{c,\text{theory}} = 0.5 n^2 d_p^2 \left(16\pi \left\langle u'^2_{pi} \right\rangle / 3\right)^{1/2} \tag{2.57}$$

式中，n 为颗粒数目浓度。

1）单分散重颗粒流

表 2.2 为单分散重颗粒流工况的初始参数。颗粒的体积分数 Φ_v（$\Phi_v = N_f d_p^3 / 48\pi^2$）为 16.7%，故在每个时间步长内会有足够的颗粒碰撞事件发生。模拟颗粒数目 N_f 为 8×10^4，真实颗粒数目 N 为 10^5，故在等权值工况中，模拟颗粒的权值 w（$=N/N_f$）为 1.25。为了验证异权值方法，我们人为地对模拟颗粒设置了不同的权值，

即一半模拟颗粒权值与另外一半模拟颗粒权值的比值为 1.5。在初始时刻，模拟颗粒随机分布在计算区域中。由于在重颗粒流中仅有碰撞动力学时间发生，且假设颗粒碰撞为弹性碰撞，故将时间步长设置为常数，以减小对时间步长更新造成的额外计算代价。

表 2.2　单分散重颗粒初始参数

初始参数	重颗粒
计算区域	$0<x<2\pi,\ 0<y<2\pi,\ 0<z<2\pi$
边界条件	周期性边界条件
网格数目	$8\times8\times8$
初始颗粒速度分布	Maxwell 分布且 $\langle u_{pi}'^2\rangle\approx3$
初始颗粒数目，N	10^5
初始模拟颗粒数目，N_f	8×10^4
颗粒直径，d_p	0.1
时间步长	0.001
计算时间	0.1

图 2.27(a) 为 SRS 方法、EWDSMC 方法和 DNS 方法计算得到的单位体积下颗粒平均碰撞率随时间变化关系，并对比了颗粒平均碰撞率理论值。从图中可以看出，不同数值方法得到的结果在理论值附近波动，都处于同一精度，但 DNS 方法统计得到的颗粒平均碰撞率涨落值要大于另外两种数值方法。此外，我们计算了单位体积下颗粒平均碰撞率的相对误差（$\delta_{NC}=\left|(N_c-N_{c,\text{theroy}})\right|/N_{c,\text{theroy}}$）和时间累积相对误差 ψ_{NC}（$\psi_{NC}(t)=(\int_0^t N_c\mathrm{d}t-tN_{c,\text{theory}})/(tN_{c,\text{theory}})$），如图 2.27(b) 和 (c) 所示。

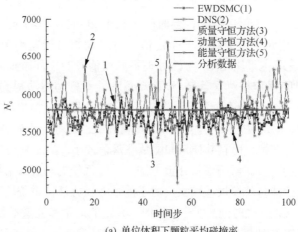

(a) 单位体积下颗粒平均碰撞率

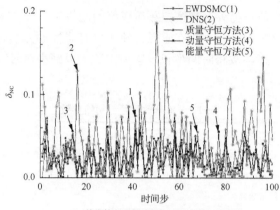

(b) 单位体积下颗粒平均碰撞率的相对误差

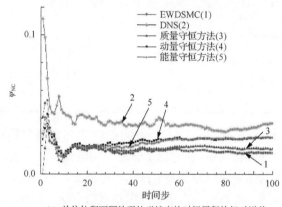

(c) 单位体积下颗粒平均碰撞率的时间累积的相对误差

图 2.27　不同数值方法计算结果比较

　　从图 2.27(b) 中可以看出，采用 SRS 方法和 EWDSMC 方法得到的颗粒平均碰撞率相对误差在 7.5%以内，而采用 DNS 方法得到的相对误差在 0.048%～18.5%。从图 2.27(c) 中可以得知，当时间步长于 20 时($t>0.02s$)，所有数值方法得到的时间累积相对误差会趋于一个定值，且最大相对误差小于 3.7%(DNS 方法)。同时我们发现在采用 SRS 方法处理不同权值颗粒之间碰撞时，采用质量守恒方法得到的时间累积相对误差最小，而动量和能量守恒方法得到的值相差不大。

　　图 2.28(a)～(c) 为采用质量、动量和能量守恒方法恢复模拟颗粒数目时，控制系统的质量(M_i)、动量(P_i)和能量(E_i)随时间变化关系。对于动量守恒方法，不仅系统的动量始终保持守恒，而且其质量和能量涨落值较小。当 t=100s 时，无量纲系统总质量和能量趋近于 1。对于质量守恒方法，尽管系统的动量涨落幅度很小，但是该方法造成系统的能量统计误差较大。对于能量守恒方法，系统的质量和动量都有相对较大的统计误差。当时间步大于 30s 时，系统的质量和能量不断地增加。因此，本节在使用 SRS 方法计算异权值颗粒碰撞时，采用动量守恒方法恢复模拟颗粒数目。

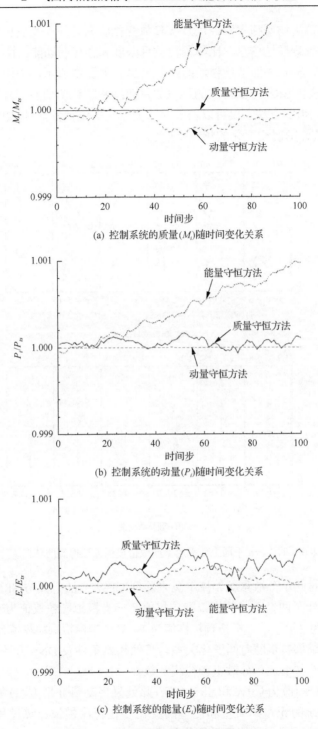

(a) 控制系统的质量(M_t)随时间变化关系

(b) 控制系统的动量(P_t)随时间变化关系

(c) 控制系统的能量(E_t)随时间变化关系

图 2.28　控制系统性能参数随时间变化

　　除了对颗粒平均碰撞率和控制系统参数变化研究之外，我们也定量的比较了不同数值方法下颗粒场信息，比如颗粒数目浓度和颗粒湍动能。图 2.29(a)～(b) 为 t=0.05s 时，z=π 平面上颗粒场的细节信息。如图中所示，采用 DNS 方法、EWDSMC 方法和 SRS 方法得到的颗粒数目浓度和颗粒湍动能符合很好。因此，我们可以认为 SRS 方法不仅可以精确的预测系统的统计参数(比如颗粒平均碰撞率)，也可以统计随时空变化的颗粒场信息。

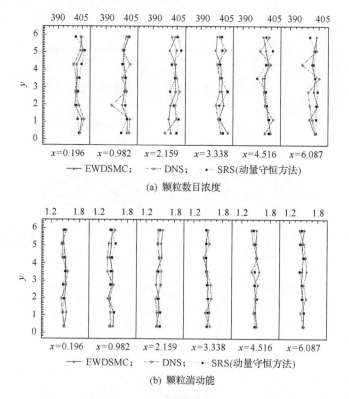

图 2.29　t=0.05s 时，z=π 平面上，采用不同数值模拟方法得到的颗粒场的细节信息

　　进一步针对此单分散重颗粒流工况来验证 CPW 方法，并与 SRS 方法进行对比[37]。这里设计了两组不同的模拟颗粒权值：一半模拟颗粒权值为 0.25，另一半模拟颗粒权值为 2.45；一半模拟颗粒权值为 1，另一半模拟颗粒权值为 1.5，来分析不同 η 值对系统总参量随时间变化关系。其他初始条件及 DNS 方法和 EWDSMC 方法的计算条件与上述单分散重颗粒流一致。

　　图 2.30(a)～(c) 为 CPW 和 SRS 方法(此处采用动量守恒方法)处理异权值颗粒碰撞时，系统的无量纲质量和能量的变化。在每次模拟计算过程中，系统的质量和能量都被系统初始值无量纲化处理。由于 CPW 方法在计算异权值颗粒碰

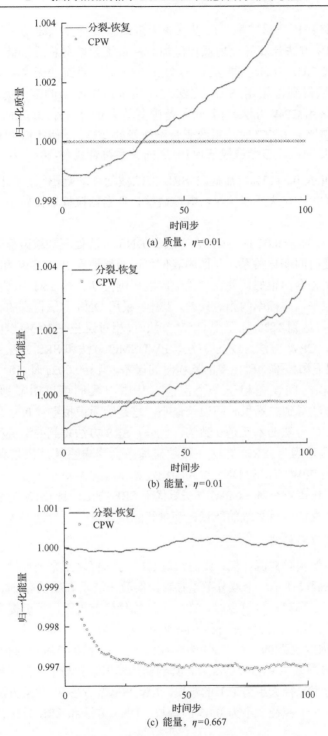

(a) 质量, $\eta=0.01$

(b) 能量, $\eta=0.01$

(c) 能量, $\eta=0.667$

图 2.30 控制系统性能无量纲参数随时间变化

撞过程中始终保持质量守恒，所以系统无量纲总质量并无波动。与之形成对比的是采用 SRS 方法计算异权值颗粒碰撞时，系统无量纲总质量最大误差可达到 0.5%，如图 2.30(a)所示。图 2.30(b)为 $\eta=0.01$ 时，系统的无量纲能量变化。从图中我们可以得到，采用 SRS 方法时，能量损失波动的范围为 0.00427%～0.3512%，而采用 CPW 方法时，其误差范围变动为 0.0004%～0.0216%。图 2.30(c)则为颗粒权值比 $\eta=0.667$ 时，系统无量纲能量的变化。当采用 CPW 方法时，系统的能量损失（$\Delta E'_{pi}$）与颗粒权值比（η）之间关系符合式(5-20)，其系统无量纲能量最大误差可达 0.3113%，而此时 SRS 方法波动浮动范围很小。因此，我们认为可以采用 CPW 方法处理异权值颗粒碰撞，且当颗粒权值比较小时，有良好的统计精度。

图 2.31(a)为 $\eta=0.01$ 时，CPW 方法和 DNS 方法处理颗粒碰撞时，单位体积颗粒碰撞率随时间变化关系。从图中我们可以明显地看出，CPW 和 DNS 两种方法得到的结果符合得很好，并在理论值附近周围波动。图 2.31(b)为 $\eta=0.01$ 时单位体积下颗粒平均碰撞率的相对误差，其中，采用 DNS 方法得到的相对误差在某些时刻较大，可达到 18%，而采用 CPW 方法时，相对误差在 10.3%以内。图 2.31(c)为 $\eta=0.01$ 时，CPW 方法、DNS 方法、EWDSMC 方法和 SRS 方法处理颗粒碰撞时，单位体积下颗粒平均碰撞率的累积时间误差。当 $t=0.002s$ 时（30 个时间步长），碰撞率的累积时间误差趋于一个常值。从图中我们可以明显地看出，采用 EWDSMC 方法得到的累积时间误差最小，这是因为模拟颗粒尺寸是单分散分布的与 EWDSMC 方法的本质是一致的。此外，SRS 方法得到的渐进稳定累积时间误差最大，这是因为 SRS 方法在颗粒碰撞中会损失系统总质量和能量，如图 2.31(a)～(b)。CPW 方法和 DNS 得到的稳定累积时间误差分别为 2.63%和 4.02%。因此，当颗粒权值较小时，CPW 方法更优于 SRS 方法，且 CPW 方法在颗粒碰撞过程中可以线性的保持系统的质量、动量和能量守恒。

2)双分散重颗粒流

通过单分散重颗粒流计算，我们知道 SRS 方法可以用来处理异权值颗粒之间碰撞。下面我们设计了一个双分散重颗粒流实验来展示 SRS 方法的优势[35]，即当某粒径区间实际颗粒数目较少时，在一定计算代价前提下，可以提高颗粒信息的统计精度。整个控制系统含有两种不同粒径大小的颗粒，其直径大小 d_p 分别为 0.1 和 0.05，数目浓度比为 99∶1。表 2.3 为粒径大小为 0.1 和 0.05 颗粒的初始权值（$w_{0.1}$、$w_{0.05}$）和模拟颗粒数目（$N_{f,0.1}$、$N_{f,0.05}$），其他初始模拟条件与单分散工况一致。需要注意的是，对于粒径大小为 0.1 的颗粒，EWDSMC 方法和 SRS 方法初始模拟颗粒数目相等；对于粒径大小为 0.05 的颗粒，DNS 方法和 SRS 方法初始模拟颗粒数目相等。

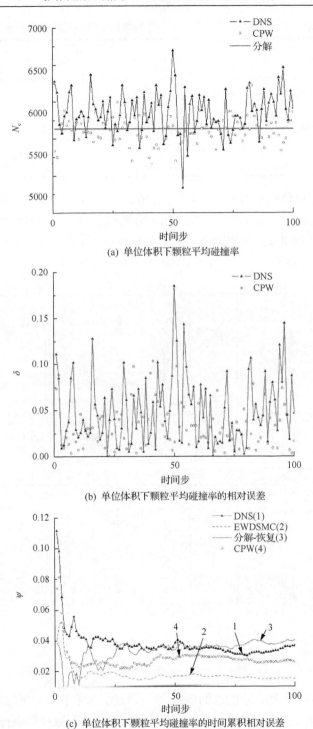

(a) 单位体积下颗粒平均碰撞率

(b) 单位体积下颗粒平均碰撞率的相对误差

(c) 单位体积下颗粒平均碰撞率的时间累积相对误差

图 2.31　不同数值方法计算结果比较

表 2.3　不同数值方法下，不同粒径颗粒的模拟颗粒数目和权值

数值方法	d_p	
	0.05m	0.1m
DNS	$N_{f,0.05}=1000$ $w_{0.05}=1$	$N_{f,0.1}=9.9\times10^4$ $w_{0.1}=1$
EWDSMC	$N_{f,0.05}=100$ $w_{0.05}=10$	$N_{f,0.1}=9.9\times10^3$ $w_{0.1}=10$
SRS	$N_{f,0.05}=1000$ $w_{0.05}=1$	$N_{f,0.1}=9.9\times10^3$ $w_{0.1}=10$

图 2.32 为粒径大小为 0.1 的颗粒在 $t=0.05$s、$z=\pi$ 平面上颗粒场的细节信息。从图中可以看出，EWDSMC 方法和 SRS 方法得到的颗粒数目浓度和颗粒湍动能符合很好，与 DNS 方法得到的值之间的相对误差在 10%以内，不同数值方法之间误差分析如上所述。

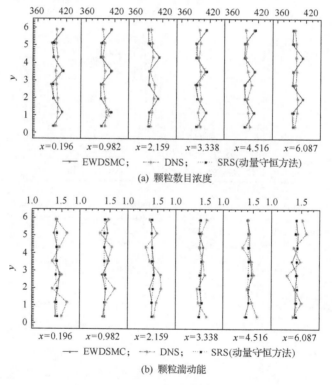

(a) 颗粒数目浓度

(b) 颗粒湍动能

图 2.32　$t=0.05$s 时，$z=\pi$ 平面上，采用不同数值模拟方法得到的颗粒场的细节信息($d_p=0.1$)

图 2.33 为粒径大小为 0.05 的颗粒，在 $t=0.05$s、$z=\pi$ 平面上颗粒场的细节信息。从图中可以看出，SRS 方法和 DNS 方法得到的颗粒数目浓度和颗粒湍动能符合很好。EWDSMC 方法得到的颗粒统计信息噪声很大，在很多位置处颗粒数目浓度

和湍动能为零，这是因为直径为 0.05 颗粒的数目很少，导致很多网格内没有颗粒存在。因此，我们可以认为，SRS 方法可以用来处理异权值颗粒之间碰撞，并且可以提高颗粒信息的统计精度(实际颗粒数目不足时)。

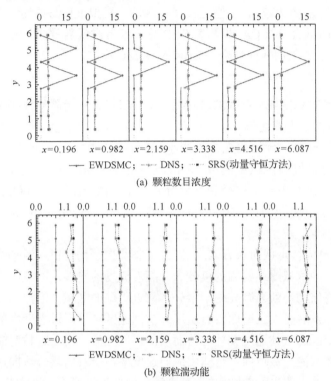

图 2.33 $t=0.05$s 时，$z=\pi$ 平面，不同数值模拟方法计算的颗粒场($d_p=0.05$)

表 2.4 为不同数值方法计算单分散和双分散工况时 CPU 所耗费的时间。所有的工况都是在同一台式机上计算，其 CPU 为 Pentium(R) Dual-Core E6700 @3.2 GHz，内存 1.96GB。EWDSMC 和 SRS 方法计算时间小于 DNS 方法的原因主要是以下两点：在 EWDSMC 和 SRS 方法中，颗粒数目权值更大，故需追踪的模拟颗粒数目小于 DNS 方法中的模拟颗粒数目；DNS 方法根据颗粒轨迹检测颗粒是否发生碰撞，而 EWDSMC 方法和 SRS 方法则采用 Monte Carlo 方法概率判断颗粒是否发生碰撞。此外，SRS 方法计算所耗费时间略微大于 EWDSMC 方法，这主要是因为在 SRS 方法中需要恢复控制系统模拟颗粒数目。

表 2.4 不同数值方法计算重颗粒流所耗费时间

工况	EWDSMC	DNS	质量守恒	动量守恒	能量守恒
单分散(CPU 占用时间 t/s)	77.69531	1556.797	100.4953	99.34843	108.9906
双分散(CPU 占用时间 t/s)	3.031250	1614.360	3.440687	3.350125	3.425094

2. 后台阶气固两相流

仍然采用 2.6.3 节的后台阶气固两相流工况，Re 数为 18400，后台阶扩张率为 5：3，台阶高度 H=26.7mm，槽道长度为 $34H$。模拟条件与前述完全一致，不同之处是在双向耦合 LB-CA 模型基础上进一步考虑颗粒碰撞（采用几种不同的 DSMC 方法），即采用四向耦合的 LB-CA-DSMC 模型。

1) LB-CA-EWDSMC 验证

首先采用 LB-CA-EWDSMC（等权值 DSMC）模拟后台阶气体-颗粒湍流流动，其中，LB 方法用于描述气体湍流流动，CA 方法用于描述颗粒运动，EWDSMC 用于计算颗粒碰撞，颗粒被视为点源小颗粒。此处的主要目的是验证考虑颗粒碰撞四向耦合时气固两相流模型，即 LB-CA-EWDSMC 模型。模拟条件如下[37]：颗粒为单分散的铜颗粒，粒径和密度分别为 d_p=70μm，ρ_p=8800kg/m³，颗粒质量载荷为 0.1，网格大小为 50×680，最终结果与 Fessler 和 Eaton 的经典实验进行对比。

图 2.34(a) 为特定截面(x/H=2, 5, 7, 9)流体流向平均速度。流场会在台阶后方形成回流区，导致双峰结构的速度分布。随着流场的发展，回流区不断衰弱并消失，导致双峰结构不断衰减并逐渐消失。靠近下壁面区域，沿流向分别出现角涡区、回流区和发展区，上壁面没有出现二次回流区域。靠近上壁面的涡团产生和发展处，涡旋区的气体速度整体向前而局部出现回流，由于颗粒对流体的反作用力将阻滞流体回流，故单向耦合速度流向速度要小于双向耦合流向速度。而在主流区及靠近下壁面的再附着区，单向耦合速度流向速度要大于双向耦合流向速度。同时，从图中，我们可以发现，四向耦合得到的流体流向速度位于单向耦合和双向耦合流体流向速度之间，这是因为在颗粒碰撞过程中，颗粒之间动量将有一部分从流向朝横向转移，从而减小了流向方向流体对颗粒的阻滞效应。相比于单向耦合和双向耦合，四向耦合得到的结果与实验得到的结果符合得更好。事实上，由于本工况中颗粒质量负载率较小(0.1)，颗粒之间碰撞次数较少，双向耦合和四向耦合得到的结果相差不大。

图 2.34(b) 为流向铜颗粒的平均速度。颗粒的流向平均速度的分布曲线与气体流向平均速度分布曲线趋势相同。除了靠近下边界再附着区，四向耦合得到的结果与双向耦合得到的结果很接近，这是因为在此处区域颗粒数目很少，故统计结果噪声相对较大。

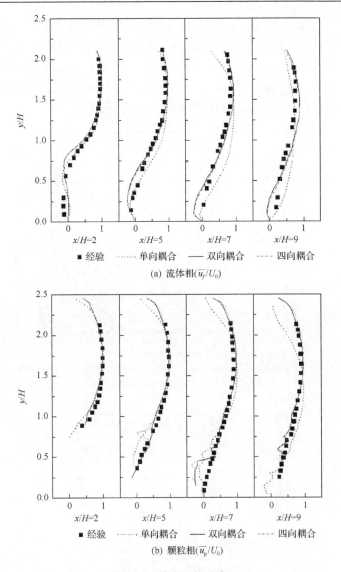

(a) 流体相($\overline{u_f}/U_0$)

(b) 颗粒相($\overline{u_p}/U_0$)

图 2.34　流向平均速度

　　图 2.35(a) 为铜颗粒流向脉动速度。考虑四向耦合(LB-CA-EWDSMC 模型)得到的结果与双向耦合(LB-CA 模型)在平面 $x/H=2$ 和($x/H=5$)与实验结果误差较大。这是因为加入颗粒之后，颗粒并没有能够得到充分的发展，因此脉动较小。而在靠近入口台阶下方区域($x/H=2, 5$；$y/H<1$)，由于角涡区和回流区存在，很少有颗粒卷入此区域，所以颗粒的脉动速度统计噪声较大。Mohanaranga 和 Tu[40]也采用双流体模型(two-fluid model，TFM)模拟了后台阶流，发现在边界附近将会高估颗粒的速度，且颗粒脉动速度变化趋势与实验结果不符。图 2.35(b)为铜颗粒法

向脉动速度，与流向方向速度不同的是，模拟得到的结果整体上与实验结果符合得很好。同样，由于颗粒碰撞次数较少，双向耦合得到的结果与四向耦合得到的结果相差不大，尽管在流向方向一些特定平面(x/H=9)，两者得到的结果存在一定差异。综上所述，我们认为 LB-CA-EWDSMC 模型不仅可以准确预测流体的平均速度(图 2.35)，也可以准确得到颗粒的脉动速度(图 2.35)。

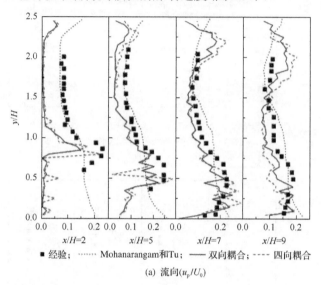

(a) 流向(u_p'/U_0)

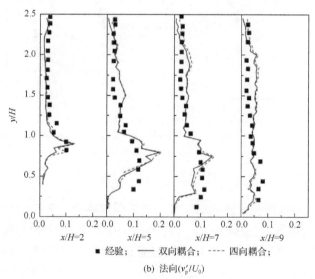

(b) 法向(v_p'/U_0)

图 2.35　颗粒脉动速度

2)LB-CA-CPW 与 LB-CA-EWDSMC 比较

下面通过计算一个模拟颗粒为双分散粒径分布的铜颗粒后台阶流研究 CPW 方

法在复杂的颗粒流过程中的应用。LB-CA-CPW 模型的具体实施方法详见 2.5.2 节。这里比较了 LB-CA-CPW 和 LB-CA-EWDSMC 两种模型得到的结果[37]，以此来验证异权值 Monte Carlo 方法处理颗粒碰撞的精度和优势。在双分散颗粒后台阶流中，颗粒质量负载率为 0.6，入射铜颗粒的粒径 d_p 分别为 80μm 和 90μm，两种粒径颗粒数目的概率比为 99∶1。在 LB-CA 和 LB-CA-EWDSMC 模型中，模拟颗粒的权值为 1。在 LB-CA-CPW 模型中，粒径为 80μm 颗粒权值为 1.25，粒径为 90μm 颗粒权值为 0.05。因此，等权值模拟(LB-CA 和 LB-CA-EWDSMC 模型)与异权值模拟(LB-CA-CPW)模拟颗粒总数目比为 100∶99.2。其他模拟条件与单分散工况一致。

图 2.36 为双分散工况中特定截面(x/H=2, 9, 11)上流体流向平均速度。从图中可以看出，LB-CA-EWDSMC 和 LB-CA-CPW 模型得到的结果符合得很好。双向耦合(LB-CA)与四向耦合(LB-CA-EWDSMC 和 LB-CA-CPW)得到的结果在截面 x/H=2 上区别不大，然而在 x/H=11 平面上，四向耦合得到的流体速度曲线更加平滑。这是因为在 x/H=2 截面上，颗粒未充分发展，颗粒之间发生碰撞次数较少；在 x/H=9 和 x/H=11 截面上，颗粒碰撞使得颗粒在流向和法向重新分配。此外，我们也可以发现，双峰结构随着流体不断发展慢慢变弱，直至消失，与单分散工况中现象相同。

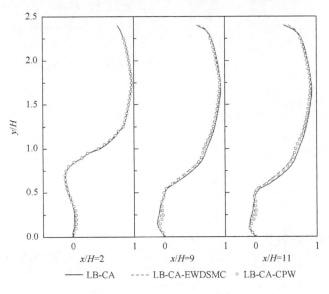

图 2.36 流向流体平均速度

图 2.37(a) 为粒径 80μm 铜颗粒流向平均速度。随着颗粒的充分发展，双向耦合与四向耦合之间的结果差异不断增大。在上下壁面附近，四向耦合得到的结果略大于双向耦合得到的结果，而在中间区域四向耦合得到的结果略小于双向耦合得到的结果。同样在靠近入口台阶下方区域，由于很少有颗粒卷入此区域，故颗粒速度统计噪声较大。图 2.37(b) 为粒径 90μm 铜颗粒流向平均速度。采用 LB-CA

模型和 LB-CA-EWDSMC 模型得到的颗粒信息统计噪声极大,这是因为在模拟计算中粒径 90μm 铜颗粒数目很少。采用 LB-CA-CPW 模型得到的颗粒速度曲线与粒径 80μm 铜颗粒速度曲线相似,因为两者之间粒径大小相差不大。从图 2.37 中我们可以发现,相比于 EWDSMC 方法,CPW 方法可以降低颗粒数目较少的尺寸区间颗粒信息统计误差。

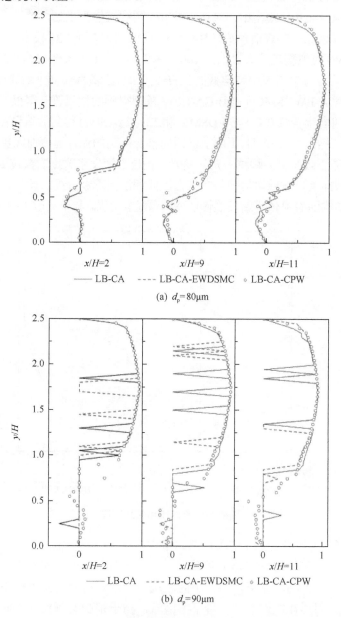

图 2.37　颗粒流向平均速度

图 2.38(a) 为粒径 80μm 铜颗粒流向脉动速度。当 $y/H>0.75$ 时，三种数值方法得到的结果符合很好，而在靠近下壁面附近，由于气体湍流的影响，不同方法得到的颗粒脉动速度不同。图 2.38(b) 为粒径 90μm 铜颗粒流向脉动速度，可以发现，LB-CA 和 LB-CA-EWDSMC 两种模型得到的脉动速度在 0 附近，这是计算区域网格节点少很少有颗粒存在。LB-CA-CPW 模型得到的脉动速度曲线与粒径 80μm 得到的脉动速度曲线相似。

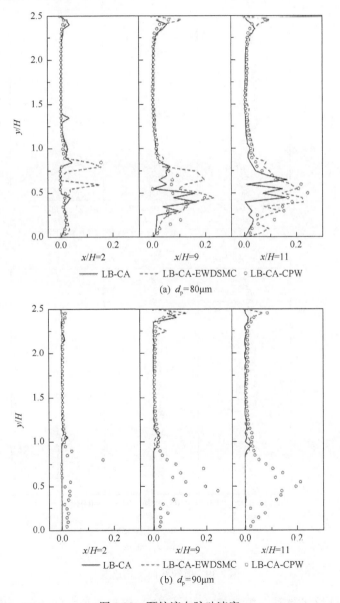

图 2.38　颗粒流向脉动速度

　　图 2.39(a)～(b)为颗粒粒径分别 80μm 和 90μm 法向平均速度。三种模型得到的粒径为 80μm 颗粒法向平均速度在下壁面区域有一定差别。同样，采用 LB-CA-CPW 模型得到的 90μm 颗粒法向平均速度曲线与 80μm 颗粒平均速度曲线相似，而其他两种模型得到的 90μm 颗粒法向平均速度为 0。

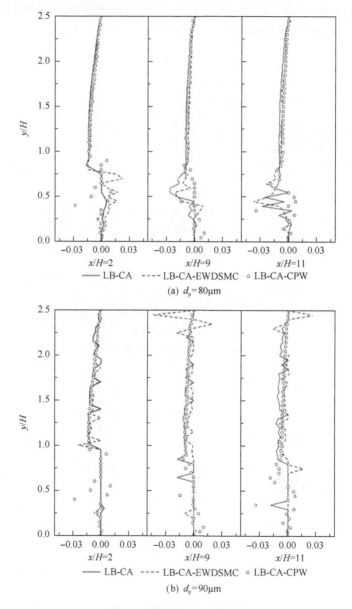

图 2.39　颗粒法向平均速度

　　本书也计算了气体—颗粒协方差(反映气相和固相之间的相互作用)，如图

2.40(a)～(b)所示。由于气体—颗粒协方差大小主要与颗粒的涨落速度相关，且粒径大的颗粒略小于粒径小的颗粒，所以粒径为 80μm 颗粒的协方差整体上略大于粒径为 90μm 颗粒。此外，从图中可以发现，CPW 方法得到的协方差具有更好的统计精度，而 EWDSMC 方法得到的协方差统计噪声较大。

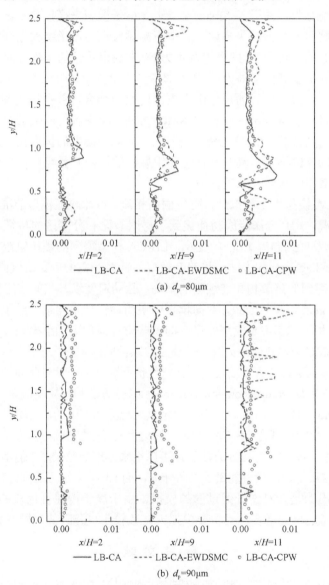

图 2.40 气体—颗粒流相协方差

综上所述，我们认为 LB-CA-CPW 模型可以用来模拟气固两相流，并可以提高真实颗粒数目少的颗粒尺度区间颗粒信息的统计精度。

2.7　本章小结

　　本章建立了格子 Boltzmann-元胞自动机概率 (LB-CA) 的两相流模型, 其中 LB 方法模拟流场行为, 并引入 Smagorinsky 亚格子模型来模拟高雷诺数湍流工况; 颗粒的运动则用 CA 方法来描述, 其中点源颗粒在与流场结构相同的规则格子点上迁移, 通过随机规则 (考虑曳力及重力等) 来决定颗粒的运动方向和位置, 颗粒的迁移概率取决于其所受外力 (考虑流体曳力、重力、布朗力等)。通过在流体演化方程中考虑颗粒对流场的反作用力来实现双向耦合, 并在描述颗粒运动的 CA 模型中耦合直接模拟 Monte Carlo (DSMC) 方法, 考虑颗粒间碰撞对颗粒运动的影响, 实现四向耦合的 LB-CA-DSMC 模型。LB-CA 模型的优点在于: 流体和离散颗粒均基于同样的格子, 具有并行性和模型简洁性, 并且可以在介观层次上描述连续相和离散相的传输及脉动行为。

　　将 LB-CA 模型用于模拟后台阶气固两相流, 以此验证模型的准确性。对于后台阶湍流工况, LB 方法能成功捕捉到了再附着区和分离区的特征长度随雷诺数 (从层流逐渐发展到湍流工况) 的变化, LB-CA 模型得到的颗粒轨迹、速度等结果与传统的 LB-Lagrangian 方法结果符合较好。针对经典的后台阶气固两相流实验, LB-CA 模拟得到的离散相和连续相的平均、脉动速度以及相间作用均与实验或者 LES-Langrangian 结果较一致, 双向耦合结果明显优于单向耦合结果, 在两相间相互作用的描述中, LB-CA 模型比已有的一些宏观模型更加准确。

　　常规 DSMC 方法仅合适处理等权值模拟颗粒间的碰撞, 对于异权值模拟颗粒工况, 将导致模拟颗粒数目不断增加、计算代价不断增大。针对此问题, 发展了两类方法: 分解—恢复 (split-restoration scheme, SRS) 方法和颗粒权值守恒 (conservative partide weighty, CPW) 方法。对理想的粗重颗粒流和实际的后台阶气固两相流进行模拟, 从而检验四向耦合 LB-CA 模型。整体而言, 这些颗粒碰撞方法均可以达到满意的结果。进一步, 发现 SRS 方法虽然可以用来处理颗粒碰撞, 但不能严格保持模拟过程中颗粒质量、动量、能量的同时守恒, 而 CPW 方法可达到此目的。

　　值得指出的是, 对于纤维过滤的模拟, 由于属于慢速且稀疏的气固两相流, 以下模拟只考虑单向耦合, 且主要模拟雷诺数较小 (层流) 的气固两相流。

参 考 文 献

[1] Hunt J C R. Industrial and environmental fluid mechanics[J]. Annual Review of Fluid Mechanics, 1991, 23 (1): 1-42.

[2] Sirignano W A. Fluid dynamics of sprays-1992 freeman scholar lecture[J]. Journal of Fluids Engineering, 1993, 115: (3): 345-378.

[3] Ghosh S, Hunt J C R. Induced air velocity within droplet driven sprays[J]. Proceedings Mathematical & Physical Sciences, 1994, 444 (1920): 105-127.

[4] Qian Y H, Dhumières D, Lallemand P. Lattice BGK models for navier-stokes equation[J]. Europhysics Letters, 2007, 17(6): 479.

[5] Huang H, Zheng C, Zhao H. Numerical investigation on non-steady-state filtration of elliptical fibers for submicron particles in the ``greenfield gap'' range[J]. Journal of Aerosol Science, 2017, 114.

[6] Dupuis A, Chopard B. Lattice gas modeling of scour formation under submarine pipelines[J]. Journal of Computational Physics, 2002, 178(1): 161-174.

[7] Hou S, Sterling J, Chen S, et al. A lattice boltzmann subgrid model for high reynolds number flows[J]. Fields Institute Communications, 1994, 6(13): 151.

[8] Guo Z, Zheng C, Shi B. Discrete lattice effects on the forcing term in the lattice boltzmann method[J]. Physical Review E Statistical Nonlinear & Soft Matter Physics, 2002, 65(4): 046308.

[9] He X, Zou Q, Luo L S, et al. Analytic solutions of simple flows and analysis of nonslip boundary conditions for the lattice boltzmann BGK model[J]. Journal of Statistical Physics, 1997, 87(1-2): 115-136.

[10] Filippova O, Hänel D. Grid refinement for lattice-BGK models[J]. Journal of Computational Physics, 1998, 147(1): 219-228.

[11] Mei R, Luo L S, Wei S. An accurate curved boundary treatment in the lattice boltzmann method[M]. Institute for Computer Applications in Science and Engineering (ICASE), 1999: 307-330.

[12] Bouzidi M H, Firdaouss M, Lallemand P. Momentum transfer of a boltzmann-lattice fluid with boundaries[J]. Physics of Fluids, 2001, 13(11): 3452-3459.

[13] Aiaa. A unified boundary treatment in lattice boltzmann method[C]. APS Division of Fluid Dynamics Meeting, 2003.

[14] Yu D, Mei R, Luo L S, et al. Viscous flow computations with the method of lattice boltzmann equation[J]. Progress in Aerospace Sciences, 2003, 39(5): 329-367.

[15] Inamuro T, Maeba K, Ogino F. Flow between parallel walls containing the lines of neutrally buoyant circular cylinders[J]. International Journal of Multiphase Flow, 2000, 26(12): 1981-2004.

[16] Chopard B, Frachebourg L, Droz M. Multiparticle lattice gas automata for reaction diffusion systems[J]. International Journal of Modern Physics C, 1994, 5(1): 47-63.

[17] Masselot A, Chopard B. A lattice boltzmann model for particle transport and deposition[J]. Epl, 2007, 42(3): 264.

[18] Chopard B, Masselot A. Cellular automata and lattice boltzmann methods: a new approach to computational fluid dynamics and particle transport[J]. Future Generation Computer Systems, 1999, 16(2–3): 249-257.

[19] Przekop R, Moskal A, Gradoń L. Lattice-boltzmann approach for description of the structure of deposited particulate matter in fibrous filters[J]. Journal of Aerosol Science, 2003, 34(2): 133-147.

[20] Przekop R, Gradoń L. Deposition and filtration of nanoparticles in the composites of nano- and microsized fibers[J]. Aerosol Science & Technology, 2008, 42(6): 483-493.

[21] Wang H, Zhao H, Guo Z, et al. Lattice boltzmann method for simulations of gas-particle flows over a backward-facing step[J]. Journal of Computational Physics, 2013, 239(4): 57-71.

[22] Wang H, Zhao H, Guo Z, et al. Numerical simulation of particle capture process of fibrous filters using lattice boltzmann two-phase flow model[J]. Powder Technology, 2012, 227(9): 111-122.

[23] Hosseini S A, Tafreshi H V. Modeling particle filtration in disordered 2D domains: a comparison with cell models[J]. Separation & Purification Technology, 2010, 74(2): 160-169.

[24] Hosseini S A, Tafreshi H V. 3D simulation of particle filtration in electrospun nanofibrous filters[J]. Powder Technology, 2010, 201(2): 153-160.

[25] Maze B, Tafreshi H V, Wang Q, et al. A simulation of unsteady-state filtration via nanofiber media at reduced operating pressures[J]. Journal of Aerosol Science, 2007, 38(5): 550-571.

[26] Balachandar S, Eaton J K. Turbulent dispersed multiphase flow[J]. Advances in Mechanics, 2010, 42(1): 111-133.

[27] Elghobashi S. On predicting particle-laden turbulent flows[J]. Applied Scientific Research, 1994, 52(4): 309-329.

[28] 王浩明, 赵海波, 郑楚光. 考虑双向耦合效应的格子 Boltzmann 气固两相湍流模型[J]. 计算物理, 2013, 30(1): 19-26.

[29] Yu H, Girimaji S S, Luo L S. DNS and LES of decaying isotropic turbulence with and without frame rotation using lattice boltzmann method[J]. Journal of Computational Physics, 2005, 209(2): 599-616.

[30] Yu H, Luo L S, Girimaji S S. LES of turbulent square jet flow using an MRT lattice boltzmann model[J]. Computers & Fluids, 2006, 35(8): 957-965.

[31] 赵海波, 柳朝晖, 郑楚光, 等. 气固两相流中颗粒碰撞的 Monte Carlo 数值模拟[J]. 计算力学学报, 2005, 22(3): 299-304.

[32] 赵海波, 郑楚光, 陈胤密. 考虑颗粒碰撞的多重 Monte Carlo 算法[J]. 力学学报, 2005, 37(5): 564-572.

[33] Zhao H, Kruis F E, Zheng C. Reducing statistical noise and extending the size spectrum by applying weighted simulation particles in monte carlo simulation of coagulation[J]. Aerosol Science & Technology, 2009, 43(8): 781-793.

[34] Lin Y, Lee K, Matsoukas T. Solution of the population balance equation using constant-number monte carlo[J]. Chemical Engineering Science, 2002, 57(12): 2241-2252.

[35] He Y, Zhao H, Wang H, et al. Differentially weighted direct simulation monte carlo method for particle collision in gas-solid flows[J]. Particuology, 2015, 21(4): 135-145.

[36] Boyd I D. Conservative species weighting scheme for the direct simulation monte carlo method[J]. Journal of Thermophysics and Heat Transfer, 1996, 10(4): 579-585.

[37] He Y, Zhao H. Conservative particle weighting scheme for particle collision in gas-solid flows[J]. International Journal of Multiphase Flow, 2016, 83: 12-26.

[38] Armaly B F, Durst F J, Pereira J C F, et al. Experimental and theoretical investigation of backward-facing step flow[J]. Journal of Fluid Mechanics, 1983, 127(6): 473-496.

[39] Fessler J R, Eaton J K. Turbulence modification by particles in a backward-facing step flow[J]. Journal of Fluid Mechanics, 1999, 394(394): 97-117.

[40] Mohanarangam K, Tu J Y. Two‐fluid model for particle‐turbulence interaction in a backward‐facing step[J]. AIche Journal, 2010, 53(9): 2254-2264.

[41] Yu K F, Lee E W M. Evaluation and modification of gas-particle covariance models by large eddy simulation of a particle-laden turbulent flows over a backward-facing step[J]. International Journal of Heat & Mass Transfer, 2009, 52(23): 5652-5656.

[42] Hetsroni G. Particles-turbulence interaction[J]. International Journal of Multiphase Flow, 1989, 15(5): 735-746.

[43] Gore R A. Modulation of turbulence by a dispersed phase[J]. Journal of Fluids Engineering, 1991, 113(2): 304-307.

[44] Yu K F, Lau K S, Chan C K. Numerical simulation of gas-particle flow in a single-side backward-facing step flow[J]. Journal of Computational & Applied Mathematics, 2004, 163(1): 319-331.

[45] Pourahmadi F, Humphrey J A C. Modelling solid-fluid turbulent flows with application to predicting erosive wear[J]. Mathematical Modelling, 1985, 6(1): 82.

[46] Chen C P, Wood P E. Turbulence closure modeling of the dilute gas‐particle axisymmetric jet[J]. AIche Journal, 1986, 32(1): 163-166.

3 圆柱形纤维捕集颗粒物稳态过程的数值模拟

3.1 引 言

由于复杂的流体—颗粒、流体—纤维(及黏附于纤维表面的动态变化颗粒枝簇)、颗粒—纤维(及颗粒枝簇)相互作用,纤维对颗粒的捕集机制主要分为扩散、拦截、惯性碰撞、重力沉积及其他外部作用力的影响机制(如荷电情况下的静电吸引机制等)。虽然人们对布袋除尘器复杂的除尘过程和除尘机制进行了大量的实验研究、数值模拟和理论分析,但尚缺乏该过程介尺度的细节信息,而了解不同尺度、受不同机制主导的细微颗粒物的运动轨迹和沉积过程,对于布袋纤维的合理设计(如纤维排列方式和多层纤维配置方式、纤维填充密度和纤维直径的选择等)非常重要。对布袋纤维非稳态除尘过程进行细致的气固两相流数值模拟是一种有效的研究手段。圆柱纤维是其中最基础的研究,也是其他纤维对比验证的样本。考虑到实际布袋除尘器的除尘效率可由清洁纤维除尘效率推导获得,本章先利用LB-CA 模型对圆形纤维清洁工况除尘过程进行数值模拟,再研究了错列、并列两种纤维布置方式对捕集过程的影响。

3.2 圆形截面单纤维捕集颗粒物性能模拟

3.2.1 模拟条件

采用二维边长为 h 的正方形计算区域,将纤维圆柱放置在区域中心,纤维直径为 d_f, $d_f/h=1/4$(图 3.1)[1]。悬浮颗粒流来流方向垂直于圆柱主轴。流场入口流体速度为常数:$u(y)=u_0=0.1\text{m/s}$;出口则认为是充分发展的,即 $\partial u/\partial x = \partial v/\partial x = 0$。同样采用非平衡态外推方法处理进出口边界。上下边界则采用周期边界条件,即

$$f_i(0,t+\Delta t) = f_i'(h,t), \ f_i(h,t+\Delta t) = f_i'(0,t) \tag{3.1}$$

对于颗粒的处理在上下边界也采用周期边界,也就是说,流体或者固体颗粒从上边界或者下边界移动出计算区域的话,会从另一侧重新进入。

模拟过程中首先计算流场,在流场计算达到稳定之后,从计算区域左侧入口加入颗粒。固体颗粒的初始速度假设与当地流体速度相同,并且入口处的颗粒浓度保持一定。颗粒运动过程中,只考虑随机布朗力和流体曳力的影响。计算清洁

工况时，颗粒一旦被捕集则立即被删除，因此纤维形状并不发生变化。纤维的颗粒捕集效率由两个物理过程一起决定，即碰撞过程和黏附过程。一个颗粒要被纤维捕集，首先需要和纤维进行碰撞，之后颗粒是否反弹就决定了颗粒最终是否沉积。因此，单纤维的效率其实是碰撞效率和黏附效率的乘积。本书忽略了颗粒的反弹现象，即颗粒的黏附效率为 1。这是因为，当纤维捕集在低速情况下进行，并且捕集细颗粒时，反弹现象几乎可以忽略。所以本书中都把碰撞效率近似为纤维捕集效率[2]。纤维的捕集效率定义如下：

$$\eta = \frac{G_1 - G_2}{G_1} \times 100\% \tag{3.2}$$

式中，G_1 为单位时间内加入到流场内的颗粒总数(考虑单分散性颗粒)；G_2 为单位时间内未被捕集的颗粒数目。

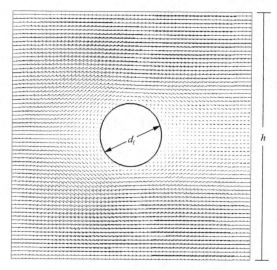

图 3.1　圆形单纤维捕集过程计算区域

在模拟流场时，网格分辨率的大小往往会影响模拟精度。同时，在 CA 模型中，颗粒的运动轨迹被固定在网格点上，因此网格分辨率还会影响颗粒的运动轨迹，从而影响对捕集过程的定量计算。表 3.1 为不同网格分辨率下纤维系统压降和捕集效率与已有公式结果的比较。可见，捕集效率对网格的依赖性要大于流场(即无量纲曳力)对网格的依赖。网格分辨率为 256×256 或者 512×512 时，模拟结果十分接近，并且和已有公式结果十分接近，因此本书选择 256×256 分辨率模拟纤维捕集颗粒过程。

表 3.1　网格检验(α=4.95%)

分辨率	无量纲曳力	扩散捕集效率 Pe=235, R=0.0156, St=5.43×10⁻³	拦截捕集效率 Pe=e∝R=0.0938, St=0	惯性捕集效率 Pe=e∝R=0.0938, St=0.543
128×128	15.8	11.8%	1.16%	11.8%
256×256	15.6	8.7%	0.92%	11.7%
512×512	15.6	8.6%	0.90%	11.5%
公式结果	15.2	8.45%	0.97%	12.4%

3.2.2　系统压降

过滤器的压降 ΔP 是衡量过滤器性能的一个重要指标。它取决于纤维直径 d_f、空气黏度 μ、来流速度 U、纤维填充率 α 和其他参数[3]。压降与无量纲曳力 F 之间的关系如式(1.1)所示。图 3.2 中通过改变纤维直径，展示了五个不同纤维填充率下曳力的变化情况。当填充率升高时，F 也随之升高，模拟结果与式(1.2)和式(1.3)的理论解的结果非常接近。

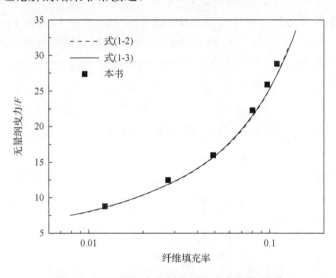

图 3.2　无量纲曳力与纤维填充率之间的关系

3.2.3　纤维捕集效率

考虑以下三种捕集机制：布朗扩散、拦截和惯性捕集。众所周知，布朗扩散主导下的捕集效率与佩克莱数 Pe 有关，Pe=Ud_f/D，其中 D 为布朗扩散系数，D=$k_BT/(3\pi\mu d_p)$，d_p 为颗粒直径；拦截捕集效率则取决于纤维结构，用拦截系数 R 表示，定义为颗粒粒径与纤维直径之比，R=d_p/d_f；斯托克斯数 St(=$\rho_p d_p^2 U/(18\mu d_f)$)

（其中 ρ_p 为颗粒密度）则对惯性捕集机制主导时的捕集效率具有重要影响。一般而言，纤维过滤器对于大颗粒（粒径大于 10μm，自身惯性较大，惯性捕集机制主导）和小颗粒（通常粒径小于 0.01μm，具有较大的扩散系数 D，Pe 较小，扩散捕集机制主导）都具有较高的捕集效率。尽管如此，中等粒径（尤其是粒径范围在 0.1～1μm，位于"Greenfield gap"范围内的颗粒[4]）依然很难被纤维捕集，因为两个重要的捕集机制，即扩散和惯性捕集机制对处于该粒径范围内的颗粒的影响都很小，而且此时拦截捕集机制对捕集效率的贡献也较弱。通过调整三个无量纲数（Pe、R和 St），可以研究各个捕集机制单独作用下纤维的捕集效率。本书将 LB-CA 模型得到的数值结果与已有的经验/半经验或者解析公式的结果进行了对比。

首先对于布朗扩散主导的捕集过程进行模拟，此时颗粒粒径相对较小，拦截系数 R 设为 1/64。从对颗粒所受外力的量纲分析中可以发现，布朗力远远大于流体曳力（随机布朗力比流体曳力大 1～2 个数量级）。颗粒的随机布朗扩散比对流扩散更加强烈。颗粒的运动轨迹比较杂乱无章，一部分颗粒甚至随机移动到纤维的背风面，与纤维发生接触或碰撞而被纤维捕集（图 3.3）。从图 3.4 中可以看到，模拟得到的捕集效率与已有理论公式（Stechkina 和 Fuchs[5]，Lee 和 Liu[6]）的预测结果吻合较好。当 Pe 从 1000 变化到 10000 时，虽然模拟结果与理论预测的结果存在

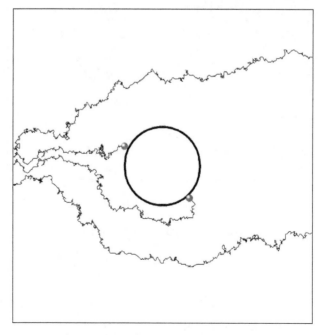

图 3.3　扩散机制主导时颗粒的运动轨迹

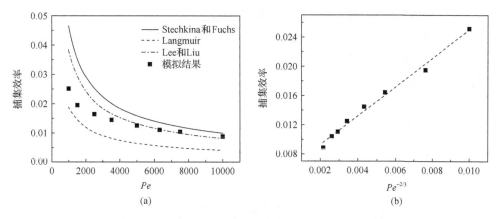

图 3.4　扩散机制主导时的捕集效率(a：Pe；b：$Pe^{-2/3}$)

一定的误差，但是基本在两个解析结果的范围之内。可以发现，当 Pe 数很小时(在1000 到 5000 之间，此时可以推断布朗扩散机制对捕集过程的贡献相当大)，模拟结果和两个公式的结果符合得更好；而在 Pe 数较大时(在 5000 到 10000 之间)，模拟结果与理论预测值之间存在轻微的误差。实际上，虽然此时布朗扩散机制占据主导地位，但是在模拟过程中流体对颗粒的曳力仍然是考虑其中的，并且颗粒也一定存在有小量的惯性，尤其是 Pe 数较大时($5000 < Pe < 10000$)。也就是说，LB-CA 模型得到的捕集效率实际上包含了三种捕集机制作用下的全效率，而理论公式则只考虑了布朗扩散单个捕集机制下的捕集效率。另外，从图 3.4 中可以发现扩散机制主导下的捕集效率与 $Pe^{-2/3}$ 大致成正比，这与经典的理论也是符合的[5]。

对于粒径较大的颗粒，St 数较大，从量纲分析中可以发现，颗粒所受到的布朗力远远小于流体对它的曳力。颗粒轨迹在初期基本与流线一致，但是当颗粒靠近纤维时，颗粒由于其自身惯性的关系，会明显偏离流线，与纤维的迎风面发生正面碰撞(图 3.5)。惯性捕集机制主导下，纤维捕集效率与 St 数的关系如图 3.6所示，模拟结果与 Brown[7] 的经验公式吻合很好。当 St 数增大时，捕集效率也随之升高。从图 3.6 中也可以发现，在 $St = 0.05, 0.1, 0.2$ 时，模拟结果与预测值之间存在细小差距。这主要是因为 St 数较小的颗粒惯性不够大，颗粒在一定程度上仍然随着流体轨迹运动，此时拦截捕集机制起了一定的作用。当 St 数持续增大，惯性捕集机制的主导地位越来越明显。

拦截捕集机制影响着各个尺度颗粒的捕集过程，尽管一般情况下它对于颗粒捕集的全效率贡献相对较小。对于中等粒径的颗粒，布朗扩散相对微弱，而且他们的惯性也比较小。因而，拦截捕集机制凸显为最重要的捕集机制。在这种情况下，颗粒轨迹在整个流场中都几乎与流线相吻合(图 3.7)。当颗粒运动到纤维附近时，一旦颗粒与纤维表面的距离小于或等于颗粒粒径时即被捕集，如此，得到了拦截系数 R 与捕集效率之间的关系。在模拟中，纤维直径是可调的，而颗粒粒径是固定的。如图 3.8 所示，模拟结果[7]与 Lee 和 Liu[8]和 Lee 和 Gieseke[9]的公式预测值吻合很好。

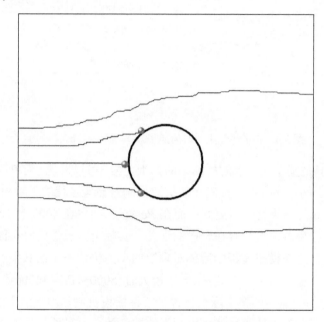

图 3.5　惯性机制主导时颗粒的运动轨迹

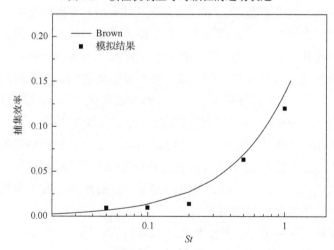

图 3.6　惯性捕集机制主导时的捕集效率

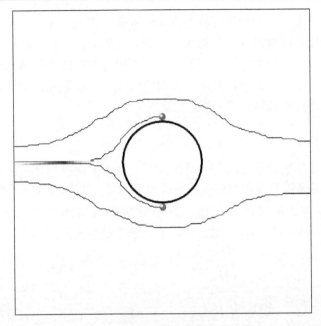

图 3.7　拦截机制主导时的颗粒运动轨迹

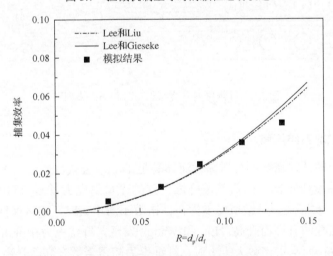

图 3.8　拦截机制主导时的捕集效率

3.3　圆形截面纤维层捕集颗粒物性能模拟

纤维层的研究对于优化过滤器纤维配置方式具有重要的意义。即使是在纤维填充率相同的情况下，不同纤维排列方式下的过滤器的捕集效率和系统压降也不同，而已有的针对纤维层的经验模型并未考虑纤维排列带来的差异。不同的纤维排列方式使得纤维之间的相互影响变得十分复杂，因此，无论是稳态还是非稳态过滤过程，都比单纤维情况下更加难以预测。另外，在设计纤维过滤器时，应最大限度的发挥每根纤维的作用，因此，考察不同位置纤维的捕集颗粒能力也是优化纤维配置的一个重要方面，目前这方面的研究还比较缺乏。本节将从这些方面对纤维层过滤器捕集颗粒过程进行研究。

3.3.1　模拟条件

图 3.9 为计算区域示意图[10]：纤维按照一定的间距排列在流场中，流场入口速度恒定。本书采用并列和错列两种纤维布置方式，其中，l 和 h 分别表示相邻纤维之间在流向和法向之间的间距。网格分辨率为 256×448，入口流体速度 $u_0=0.1\text{m/s}$[11]。流场边界条件以及捕集效率计算方法与 3.2 节相同。

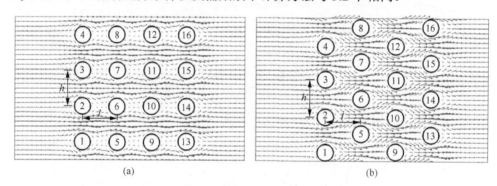

　　　　　(a)　　　　　　　　　　　　　　　　(b)

图 3.9　纤维排列方式（a：并列；b：错列）

3.3.2　清洁工况系统压降

过滤器中的低雷诺数不可压黏性流体满足 Darcy 公式，也就是说，系统压降和入口流体速度成正比，比值就是纤维受到的无量纲曳力（F），可由本书 1.3 节式(1.1)求得。实际上，纤维所受曳力在雷诺数不断增大时，不再保持某一常数，而是随着雷诺数的升高而升高。Liu 和 Wang[3]发现，纤维曳力在雷诺数小于 1 时基本保持不变；而当雷诺数大于 1 时，纤维曳力随雷诺数升高而升高。图 3.10 为纤维无量纲曳力与雷诺数之间的关系模拟结果与 Liu 和 Wang 的结论符合很好。图中可见雷诺数为 1 时，正是纤维曳力曲线的转折点。由图 3.10(a)可见，当固定纤维填充率和 l/h 而变动雷诺数 Re 时，Hasimoto[12]的计算公式与 Kuwabara[13]的计算公式输出非常相近的结果，均接近错列纤维的计算结果，但与并列纤维的计算结果有一定差异。这里 LB-CA 模拟的并列纤维或错列纤维的无量纲曳力结果与 Liu 和 Wang[3]的结果符合很好。图 3.10(b)为纤维曳力与纤维填充率之间的关系，从中可见，纤维在错列放置时受到的曳力要大于并列放置时。另外，从图 3.10(c)

还可以发现，在不同排列方式下，纤维曳力随着 *l/h* 的增大而增大，并且在 *l/h* <1.5 时，错列纤维曳力大于并列纤维；*l/h* >1.5 时，两者差别不大，这也符合 Kirchs 和 Funchs[14]的结果。

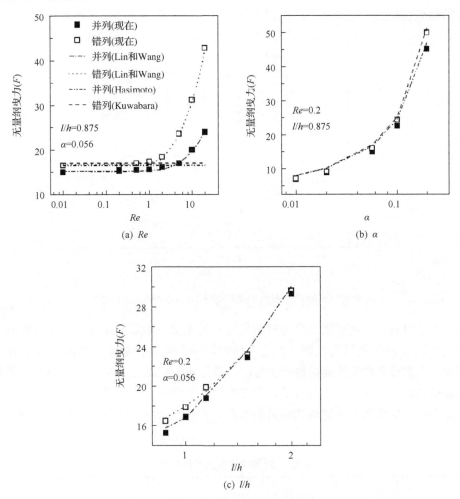

图 3.10　不同排列方式下纤维所受无量纲曳力

3.3.3　清洁工况纤维捕集效率

图 3.11 为并列和错列纤维捕集效率在不同颗粒粒径范围的变化情况。由于自身强烈的扩散能力，小尺度颗粒(d_p=0.1μm)容易与纤维发生接触而被捕集，因此捕集效率较高。大颗粒(d_p=2μm)具有较大惯性，容易与纤维迎风面发生碰撞而被捕集，因此其捕集效率也相对较高。中等粒径颗粒(d_p=1μm)扩散能力和惯性都较弱，运动过程中基本都沿着流场流线，因此只有少部分颗粒被纤维捕集，捕集

效率最低。图 3.11 中还可以看到(多纤维过滤器的捕集效率可参考本书 1.3 节的表 1.1),由于错列纤维迎风面积较大,错列纤维捕集效率要高于并列纤维,尤其是在惯性捕集机制主导时。当然,两种纤维布置方式下捕集效率和表 1.1 公式计算的结果均存在一定差异,这是由于这些公式并未考虑纤维布置方式。

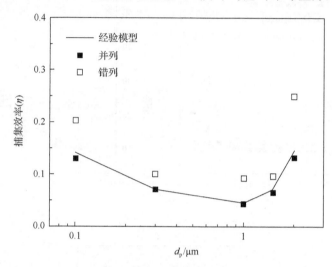

图 3.11　不同粒径颗粒的捕集效率(l/h =0.875,α=17.2%)

为了研究不同捕集机制主导时捕集过程的差异,本章同样选取了 3 种颗粒来分别代表 3 种捕集机制。表 3.2 是 3 种颗粒各自在 3 种捕集机制的工况条件。其中,当拦截或者惯性捕集机制主导时,设定随机布朗力为 0,从而 $Pe=\infty$。并且当拦截机制主导时,认为颗粒的运动速度等于当地的流体速度,从而 $St=0$。从颗粒在不同捕集机制下的捕集效率数值来看,3 种颗粒完全可以用来表示 3 种捕集机制。

表 3.2　纤维排列方式及颗粒属性

纤维布置	排列方式	并列
		错列
	排列间距 (l/h)	0.875
		1
		1.143
颗粒属性	布朗扩散	$Pe=102, R=0.00357, St=0.0022$
	拦截	$Pe=\infty. R=0.0357, St=0$
	惯性碰撞	$Pe=\infty, R=0.0714, St=1.61$

从结果(表 3.3)可以看到,捕集效率随着 l/h 的增大而升高,尤其是在扩散和

惯性捕集机制主导的时候，而在拦截机制主导时，捕集效率的升高并不明显。纤维填充率一旦确定，l/h 越大，纤维在流向的距离越大同时在法向的距离越小。在这种情况下，颗粒需要更多的时间来通过纤维层，因此对于扩散较强的小颗粒再说，增加了颗粒与纤维接触的机会。而且，l/h 越大也意味着更大的迎风面积，导致了拦截和惯性捕集效率的增大。表 3.3 给出了并列和错列布置纤维在不同 l/h 值下的捕集效率，并与经验公式[15]结果进行对比。经验公式的结果介于两种布置方式的结果之间，且与模拟结果存在明显差异，主要原因在于，经验模型并没有考虑纤维排列方式对捕集效率的影响。

表 3.3 不同排列方式下纤维捕集效率

排列方式	并列			错列			经验公式		
	$l/h = 0.875$	$l/h = 1$	$l/h = 1.143$	$l/h = 0.875$	$l/h = 1$	$l/h = 1.143$	$l/h = 0.875$	$l/h = 1$	$l/h = 1.143$
扩散	0.139	0.152	0.163	0.203	0.211	0.242	0.194	0.205	0.216
拦截	0.043	0.048	0.053	0.093	0.099	0.121	0.046	0.049	0.051
惯性碰撞	0.155	0.179	0.204	0.903	0.928	0.956	0.808	0.829	0.848

3.3.4 不同布置方式性能比较

本节使用性能参数（quality factor，QF）[16,17]来考察不同排列间距下，多纤维过滤器的性能变化情况。图 3.12 为三种捕集机制及三种排列间距下纤维过滤器的性能比较。可见，错列纤维性能总是优于并列纤维，由于其较高的捕集效率，尤其是在惯性捕集机制主导时。较高的 l/h 值会提高纤维捕集效率，但是同样会导致系统压降的升高，最终使得纤维捕集性能下降（见图 3.12）。据此可以判断，仅提高

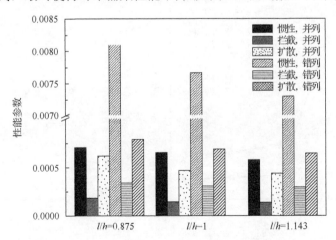

图 3.12 不同纤维布置方式下纤维除尘性能（α=17.2%）

l/h 值并不是提高过滤器性能的最好方法。因此，除去那些对捕集效率影响较小的纤维成为了提高过滤器性能的更为可行的方法，减小纤维填充率必定会减小系统压降。这样的话，就有必要对每个纤维在捕集过程中所起到的作用进行比较。

3.3.5　纤维捕集能力比较

为了研究捕集过程中不同位置纤维的贡献，提出了捕集能力（Φ_i）的概念，将其定义为纤维 i 捕集颗粒数目占捕集颗粒总数的百分数，计算如下：

$$\Phi_i = \frac{N_{\text{collect},i}}{N_{\text{collect,tot}}} \tag{3.3}$$

式中，$N_{\text{collect},i}$ 为纤维 i 捕集的颗粒数目；$N_{\text{collect,tot}}$ 为过滤器捕集的颗粒总数；显然，对于 Φ_i，$\Sigma_i \Phi_i = 1$。

图 3.13（a）为排列间距对并列布置各纤维捕集能力的影响。由图可知，在并列布置条件下，排列间距对纤维捕集能力的影响并不明显，甚至可以忽略。整体而言，第一排纤维具有最高的捕集能力，而后方纤维的捕集能力在流动方向上递减。颗粒在过滤器内的运动过程中，不断被纤维捕集，导致了颗粒浓度在流动方向上的递减，因而后方纤维捕集到的颗粒数目也就越少。这种现象在惯性捕集机制主导是尤为明显。对于惯性较大的颗粒，流体难以改变其运动方向，因此几乎都与纤维的迎风面发生接触而被捕集。在并列布置的纤维中，前方纤维对后方纤维产生了遮挡的作用，这就是惯性捕集主导时第一排纤维几乎起到了决定性作用的原

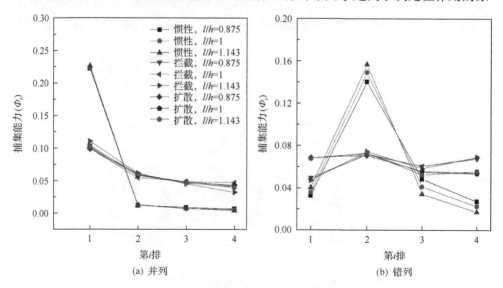

图 3.13　不同位置纤维对捕集过程的贡献

因。而在扩散和拦截机制主导时，颗粒的运动轨迹相对混乱或者沿着流线，因此这种遮挡作用并不明显，虽然此时后方纤维捕集能力较弱，但是也不可忽略。

图 3.13(b) 为不同排列间距下错列布置各纤维捕集能力的对比。可见，其中第二排的捕集能力最大。与并列纤维的遮挡效应不同，在错列的布置方式下，前方纤维形成了导流的作用，使得包含颗粒的流体在通过纤维后能够径直流向下一排纤维。导流作用的强度同样取决于排列间距(l/h 越大，导流作用越明显；反之越弱）。当然，导流作用在惯性捕集机制主导时体现得更加明显。在扩散和拦截机制主导时，由于颗粒自身的运动特点，这种作用有所减弱，在这两种机制下各个纤维的捕集能力基本不随 l/h 而变化。

3.4 本章小结

LB-CA 模型为研究纤维过滤器捕集颗粒物的过程提供了一个有力的工具，本章利用该模型模拟了不同捕集机制（扩散、拦截和惯性）主导时，清洁工况下的单圆柱纤维和多层圆柱纤维的捕集性能。模拟结果和已有的理论预测值以及实验结果吻合较好，表明 LB-CA 模型能够准确考虑流体—颗粒—纤维的相互作用，能够准确模拟清洁工况下的纤维捕集效率和系统压降，这为之后计算非稳态工况奠定了基础。

本章还研究了错列、并列两种纤维布置方式对捕集过程的影响。通过性能参数的比较发现，虽然错列纤维系统压降大于并列纤维，但是其性能仍然优于错列纤维。在相同纤维填充率条件下，来流方向间距越大的过滤器捕集效率越高，但是压降也越高，最终会导致性能的下降。另外，惯性较大的颗粒的捕集过程对纤维布置方式的依赖性较高。整体而言，错列纤维比并列纤维更加有效。

从上述结果来看，可以得到的纤维布置方式优化建议如下：①对于惯性较小的颗粒，可以逐渐减少后方纤维的填充率；②对于惯性较大的颗粒，前两排纤维已经起到了决定性的作用，其余后排纤维可以大量去除。

参 考 文 献

[1] Wang H, Zhao H, Guo Z, et al. Numerical simulation of particle capture process of fibrous filters using lattice boltzmann two-phase flow model[J]. Powder Technology, 2012, 227(9): 111-122.

[2] 王浩明, 赵海波, 郭照立, 等. 基于格子波尔兹曼气固两相流模型的清洁纤维捕集颗粒过程模拟[J]. 中国电机工程学报, 2012, 32(11): 66-71.

[3] Liu Z G, Wang P K. Pressure drop and interception efficiency of multifiber filters[J]. Aerosol Science & Technology, 1997, 26(4): 313-325.

[4] Greenfield S M. Rain scavenging of radioactive particulate matter from the atmosphere[J]. Journal of the Atmospheric Sciences, 1956, 14(14): 115-125.

[5] Stechkina I B, Fuchs N A. Studies on fibrous aerosol filters-I. calculation of diffusional deposition of aerosols in fibrous filters[J]. The Annals of Occupational Hygiene, 1966, 9(2): 59-64.

[6] Lee K W, Liu B Y H. Experimental study of aerosol filtration by fibrous filters[J]. Aerosol Science & Technology, 1982, 1(1): 35-46.

[7] Brown R C. Air filtration: an integrated approach to the theory and applications of fibrous filters[J]. Pergamon press New York, 1993.

[8] Lee K W, Liu B Y H. Theoretical study of aerosol filtration by fibrous filters[J]. Aerosol Science & Technology, 1982, 1(2): 147-161.

[9] Lee K W, Gieseke J A. Note on the approximation of interceptional collection efficiencies[J]. Journal of Aerosol Science, 1980, 11(4): 335-341.

[10] Wang H, Zhao H, Wang K, et al. Simulation of filtration process for multi-fiber filter using the lattice-boltzmann two-phase flow model[J]. Journal of Aerosol Science, 2013, 66(6): 164-178.

[11] 王浩明, 赵海波, 郑楚光. 并列和错列纤维过滤器稳态除尘过程的格子 Boltzmann 模拟[J]. 化工学报, 2013, 64(5): 1621-1628.

[12] Hasimoto H. On the periodic fundamental solutions of the stokes equations and their application to viscous flow past a cubic array of spheres[J]. Journal of Fluid Mechanics, 1959, 5(2): 317-328.

[13] Kuwabara S. The forces experienced by randomly distributed parallel circular cylinders or spheres in a viscous flow at small reynolds numbers[J]. Journal of the Physical Society of Japan, 1959, 14(4): 527-532.

[14] Kirsch A A, Fuchs N A. Studies on fibrous aerosol filters-II. pressure drops in systems of parallel cylinders[J]. The Annals of Occupational Hygiene, 1967, 10(1): 23-30.

[15] Zhao Z M, Gabriel I T, Pfeffer R. Separation of airborne dust in electrostatically enhanced fibrous filters[J]. Chemical Engineering Communications, 1991, 108(1): 307-332.

[16] Wang J, Pui D Y H. Filtration of aerosol particles by elliptical fibers: a numerical study[J]. Journal of Nanoparticle Research, 2009, 11(1): 185-196.

[17] Podgórski A, Bałazy A, Gradoń L. Application of nanofibers to improve the filtration efficiency of the most penetrating aerosol particles in fibrous filters[J]. Chemical Engineering Science, 2006, 61(20): 6804-6815.

4 异形纤维捕集颗粒物稳态过程的数值模拟

4.1 引　言

国内外大部分相关的研究是将实际的纤维过滤器中纤维错综复杂无规则的排布结构简化为规则排列的圆形纤维，忽略了纤维过滤介质在机器碾压或者由生产工艺改变而产生的纤维截面变形的影响。另外，随着近代纺织技术的发展，异形截面纤维以它优质的性能而逐渐在纤维过滤器中得到应用，但总体而言国内外对其研究相对很少。

由于纤维截面形状的多样性，预测非圆形截面纤维捕集效率和压降具有一定难度。少数几个研究工作大都关注矩形或椭圆截面纤维，并且往往只是定性地考察异形纤维布置方式对捕集性能的影响，缺少定量的模型或计算公式预测非圆形截面纤维的捕集效率和压降。为了更好地比较纤维变截面对纤维过滤器性能的影响，本章通过与第 3 章内容进行对比，定量比较异形截面纤维和圆形纤维在清洁工况下捕集效率和系统压降上的差异，从纤维横截面的异形度、形状系数来研究探讨异形纤维过滤器的捕集效率以及压力损失；进而针对细颗粒物捕集效能较好的椭圆截面纤维，利用莱温伯格—马卡特方法得到了基于圆形纤维效率、压降计算公式的椭圆截面纤维捕集效率、压降修正系数。

4.2 模拟条件及数据处理方法

4.2.1 模拟条件

纤维置于正方形计算区域中心，放置方向 (θ)、长短轴之比 $(\varepsilon=a:b)$ 如图 4.1 所示（以椭圆截面纤维为例）[1]。考虑低雷诺数流场 $(Re<1.0)$，特征长度定义 $d_f(ab)^{1/2}$。边界条件设置与 3.2 节中圆形纤维流场相同，上下边界为周期边界，左侧为速度入口，右侧出口处流体充分发展[2]，网格分辨率为 256×256。

4.2.2 莱温伯格—马卡特方法

对于圆形纤维，已有很多学者研究了压降以及这三种捕集机制下的捕集效率，并且提出相关的计算公式。然而，对于异形纤维的压降和捕集效率研究大多只停留在定性分析的程度上。本章同样只考虑扩散、拦截和惯性三种主要的捕集机制，并只考虑清洁工况。通过研究异形纤维因形状不同而导致的与圆形纤维压降、

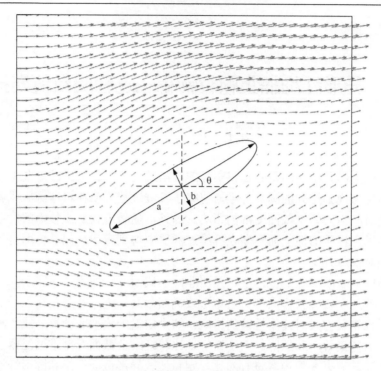

图 4.1　椭圆纤维捕集颗粒计算区域

　　捕集效率的差异，并且通过数据拟合方法，得到和形状参数有关的修正系数，使其与圆形纤维压降、捕集效率公式相结合，从而达到定量计算异形纤维压降和捕集效率的目的。

　　莱温伯格—马卡特方法[3]能够为最小化非线性函数问题提供数值解。该方法能够连续修改函数参数，包含了高斯—牛顿方法和梯度下降法的优点并克服了两者的缺陷(如高斯—牛顿方法中逆矩阵不存在问题和初始值离最优解差距大的问题)。LMA 的原则为：如果 f 是从 $\mathbf{R}^m$ 到 $\mathbf{R}^n$ 的非线性映射，即如果 $X \in \mathbf{R}^m$ 且 $y \in \mathbf{R}^n$，那么 $f(X)=y$。该方法的目的是针对给定的 y 和合理的初值 X_0，要找到一个 x^+ 使得 $\sigma^{\mathrm{T}}\sigma$ 尽可能小，其中 $\sigma = f(x^+) - y$。

　　和其他数值最小化方法类似，LMA 是一个迭代的过程。首先利用泰勒展开得到近似方程，即

$$f(x + \delta_x) \approx f(x) + \boldsymbol{J}\delta_x \tag{4.1}$$

式中，$\boldsymbol{J} = \partial f / \partial p_i$。在每次迭代过程中，假设迭代的点为 X_k，需要找到一个 $\delta_{x,k}$ 使得以下方程的误差达到最小：

$$\left| y - f(x + \delta_{x,k}) \right| \approx \left| y - f(x) - \boldsymbol{J}\delta_{x,k} \right| = \left| \sigma_k - \boldsymbol{J}\delta_{x,k} \right| \tag{4.2}$$

根据投影法则，当 $\delta_{x,k}$ 满足 $\left[\lambda \boldsymbol{I}+(\boldsymbol{J}^{\mathrm{T}}\boldsymbol{J})\right]\delta_{x,k}=\boldsymbol{J}^{\mathrm{T}}\sigma_k$ 时，式 4.2 误差最小。在得到 $\delta_{x,k}$ 后，X_k 更新为 $X_k=X_k+\delta_{x,k}$，将新的 X_k 值作为下一次迭代过程的初始值。当 δ_x 达到预设精度时，认为求解过程结束。

4.3 椭圆纤维系统压降

与圆形纤维相比，能够想到影响椭圆纤维压降的因素有纤维填充率、纤维主轴与来流夹角以及纤维长短轴之比。为了研究椭圆纤维压降与这三个因素之间的关系，首先考察了纤维填充率对压降的影响(如图 4.2，图中下标"E"表示椭圆纤维，下标"0"表示相同填充率下的圆形纤维，下同)。从结果可以发现，椭圆纤维的长短轴之比和放置方向一旦确定，椭圆纤维系统压降和相同填充率的圆形纤维压降之比几乎为常数，基本与填充率无关。也就是说，针对某个纤维填充率下研究得到压降与其他两个参数的关系，同样适用于其他纤维填充率条件。

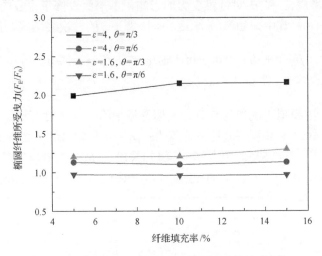

图 4.2 椭圆纤维系统压降与纤维填充率的关系

本章同样使用单位长度纤维所受曳力来表征系统压降大小。对于圆形纤维，Kuwabara[4]通过在极坐标系统中解流线方程的方法，提出了无量纲曳力计算公式：

$$F_0 = 4\pi\left(-0.5\ln\alpha - 0.75 - 0.25\alpha^2 + \alpha\right)^{-1} \qquad (4.3)$$

可以看出，对于圆形纤维，纤维所受曳力主要取决于纤维填充率，但对于椭圆纤维，影响纤维受到的曳力的因素又多了两个：长短轴之比和纤维放置方向。即使是在纤维填充率相同的情况下，不同的 ε、θ 值仍然会导致纤维所受曳力的不同，ε 和 θ 分别决定了纤维表面的摩擦面积和迎风面积。本书基于式(4.3)提出一

个修正系数 $C_{E,F}$，其与式(4.3)结合能够计算不同长短轴之比和放置方向下椭圆纤维所受到的曳力为 $F_E=C_{E,F}F_0$。

图4.3为椭圆纤维所受曳力与相同填充率下(α=4.95%)，圆形纤维收受曳力之比。图中可见，当 θ=0 时，随着 ε 的增大，曳力先下降随后逐渐升高，在 ε=2.5 时曳力达到最小值。这是由于当 θ=0 且 ε 较小时，迎风面积大小对纤维所受曳力的影响程度大于摩擦面积。随着 ε 的升高，迎风面积开始变小，纤维所受曳力有所下降；但是当 ε 进一步升高到一定程度时，摩擦面积取代了迎风面积对纤维曳力的影响地位，因而当 ε>2.5 时，纤维曳力随着 ε 的增大而增大。当 θ=π/6, π/3, π/2 时，纤维曳力均随 ε 的增大而升高。图4.3中还可以发现，对于某个特定的 ε，纤维曳力很明显地随 θ 的增大而增大。这是由于 θ 直接影响迎风面积，当摩擦面积确定时，迎风面积越大，纤维受到曳力越大。此外，对图4.3中的数值进行拟合可以发现：当 θ 一定时，纤维曳力可用关于 ε 的二次多项式来近似：$C_{E,F}$=$B_1\varepsilon^2+B_2\varepsilon+y_1$；而当 ε 一定时，纤维曳力与 θ 的关系可以表示为 $C_{E,F}=A\exp(-\sin\theta/t)+y_2$。为了同时考虑 ε 和 θ 对纤维曳力的影响，本书假设修正系数的公式为 $C_{E,F}=A\exp(-\sin\theta/t)+y_2$，其中未知参数 A、t、$y_2$ 认为是 ε 的二次多项式，最终表达式为

$$C_{E,F} = (\beta_1 \cdot \varepsilon^2 + \beta_2 \cdot \varepsilon + \beta_3) \cdot \exp(-\sin\theta / (\beta_4 \cdot \varepsilon^2 + \beta_5 \cdot \varepsilon + \beta_6)) + \beta_7 \cdot \varepsilon^2 + \beta_8 \cdot \varepsilon + \beta_9$$

$$(4.4)$$

将图 4.3 中模拟工况作为样本，利用莱温伯格—马卡特方法可以得到式 4.4 中各个未知系数。各系数的最佳估计值为：β_1=-1.115×10^{-3}；β_2=9.081×10^{-3}；β_3=-7.828×10^{-4}；β_4=2.536×10^{-3}；β_5=-4.170×10^{-3}；β_6=-2.305×10^{-1}；β_7=1.315×10^{-2}；β_8=-8.635×10^{-2}；β_9=1.051。因此椭圆纤维所受曳力的最终计算公式为 $F_E=C_{E,F}F_0$，

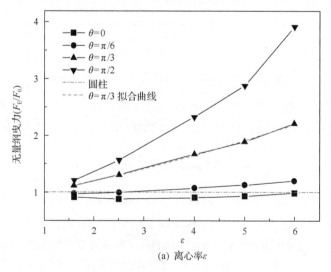

(a) 离心率ε

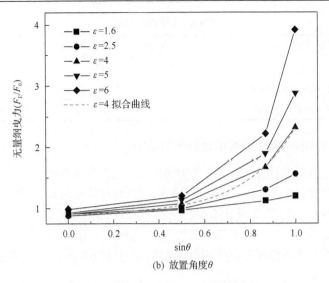

图 4.3 不同形状椭圆纤维无量纲曳力

表 4.1 为式(4.4)结果与 Kirsh[5]计算结果的比较。可见，式(4.4)与已有结果符合较好，误差在 8%以内，这说明了此公式能够准确计算不同 θ 和 ε 下椭圆纤维所受曳力大小。

表 4.1 椭圆纤维曳力修正系数

纤维填充率 α	长短轴之比 ε	方向角 θ	$C_{\mathrm{E,F}}$	Kirsh[5]	相对误差
25.46%	2	0	0.920	0.854	7.73%
	2	$\pi/6$	0.969	0.973	0.41%
	2	$\pi/3$	1.184	1.259	5.96%
	2	$\pi/2$	1.400	1.427	1.89%

4.4 椭圆纤维捕集效率

本章选取了 3 种不同粒径的颗粒来分别代表 3 种主导性的捕集机制。表 4.2 为 3 种颗粒各自在 3 种捕集机制下的捕集效率。其中，当拦截或者惯性捕集机制主导时，设定随机布朗力为 0，从而 $Pe=\infty$。并且当拦截机制主导时，认为颗粒的运动速度等于当地的流体速度，从而 $St=0$。从颗粒在不同捕集机制下的捕集效率数值来看，3 种颗粒完全可以用来代表 3 种捕集机制。

表 4.2   3 种颗粒属性

颗粒属性	$\eta_{0,D}$	$\eta_{0,R}$	$\eta_{0,I}$	主导机制
$Pe=235, R=0.0156, St=5.43\times10^{-3}$	8.45%	0.03%	≈ 0	扩散
$Pe=\infty, R\in(0.0938, 0.15625), St=0$	0	1.05%~2.6%	0	拦截
$Pe=\infty, R=0.0938, St=0.543$	0	1.05%	12.4%	惯性

4.4.1   纤维填充率对椭圆纤维捕集效率的影响

　　类似系统压降的分析过程,首先考察捕集效率与纤维填充率之间的关系(图4.4)。可见，在确定的捕集条件下(包括主导的机制以及纤维形状与布置方式)，椭圆纤维捕集效率与相同的纤维填充率条件下圆形纤维捕集效率之比基本属于一个常数。该现象使得对纤维形状差异引起的捕集效率不同的研究过程得到简化，即对于某一纤维填充率条件下分析椭圆纤维形状对捕集效率的影响，同样适用于其他纤维填充率情况。

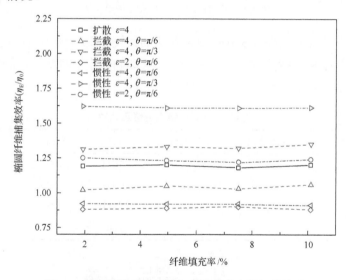

图 4.4   椭圆纤维捕集效率与纤维填充率之间的关系

4.4.2   椭圆纤维扩散捕集效率

　　当颗粒的随机布朗扩散比较强烈时，颗粒在流场中的运动轨迹比较杂乱无章，很容易与纤维发生碰撞而被捕集(图4.5)。表 4.3 为 $\varepsilon=1.6$ 时，不同 θ 角度下椭圆纤维的扩散捕集效率。从表中数据可以看到，虽然 θ 角有所不同，但是捕集效率相差无几。实际上，布朗扩散较强的颗粒可能沉积在纤维表面的任一位置，图 4.5 中的颗粒轨迹也体现了这一点，这就意味着，在 ε 确定的情况下，虽然 θ 角不同，但是捕集区域面积是一样的，最终导致了捕集效率几乎与 θ 无关。本书继而研究

ε 对捕集效率的影响。图 4.6 为不同 Pe 数时，捕集效率与 ε 之间的关系。椭圆纤维的捕集区域面积随着 ε 的增大而增大，因而扩散捕集效率随着 ε 增大而升高。从图 4.6 中数据可以看出，捕集效率大致上正比于 ε，呈现出线性增长的趋势。基于此，可以假设椭圆纤维扩散捕集效率修正系数（$C_{E,D} = \eta_{E,D}/\eta_{0,D}$，其中下标 E 表示椭圆纤维，0 表示相同填充率的圆形截面纤维，D 代表扩散捕集效率，下文类似）为关于 ε 的一次多项式，通过简单线性拟合可以得到 $C_{E,D}$ 的表达式为

$$C_{E,D} = 0.06592\varepsilon + 0.95243 \qquad (4.5)$$

表 4.3 椭圆纤维不同方向角下扩散捕集效率（$\varepsilon=1.6$）

Pe	$\theta=0$	$\theta=\pi/6$	$\theta=\pi/3$	$\theta=\pi/2$
235	0.09	0.092	0.09	0.089
700	0.0374	0.037	0.037	0.036
2350	0.0161	0.0158	0.0159	0.016

表 4.4 给出了 LB-CA 模型的模拟结果和式(4.5)的计算结果以及 Raynor[6]公式的结果，其中误差指的是式(4.5)计算结果与 Raynor 结果的相对误差。可见，LB-CA 与式(4.5)的结果吻合非常好，相关系数达到了 0.995，说明式(4.5)拟合具有足够的精度；而式(4.5)的结果与 Raynor 公式的结果同样符合得比较好，这就证明了式(4.5)的准确度。然而，Raynor 的椭圆纤维扩散捕集效率公式具有 12 个参数，还有不少中间变量的计算过程十分复杂。需要指出的是，在此涉及到的用作基准的圆形纤维扩散捕集效率的公式，是由 Stechkina 和 Fuchs[7]提出的公式：

$$\eta_{0,D} = 2.9Ku^{-1/3}Pe^{-2/3} + 0.62Pe^{-1}, Ku = -0.5\ln\alpha - 0.75 + \alpha - 0.25\alpha^2 \qquad (4.6)$$

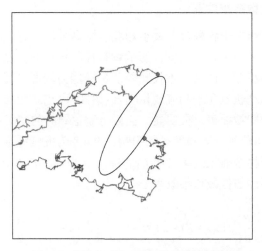

图 4.5 扩散机制主导时颗粒的运动轨迹

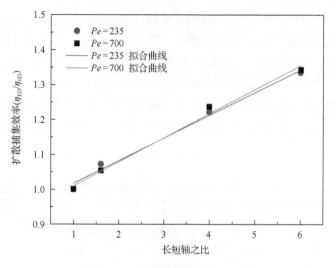

图 4.6　扩散捕集效率$(\eta_{E,D}/\eta_{0,D})$

表 4.4　不同长短轴之比椭圆纤维的扩散捕集效率$(\eta_{E,D}/\eta_{0,D})$

Pe	ε	LB-CA	$C_{E,D}$	$\eta_{Raynor,D}{}^{[6]}/\eta_{0,D}$	误差
235	1.6	1.071	1.058	1.024	3.32%
235	4	1.221	1.216	1.167	4.20%
235	6	1.336	1.348	1.286	4.82%
700	1.6	1.054	1.058	1.025	3.22%
700	4	1.237	1.216	1.175	3.49%
700	6	1.344	1.348	1.300	3.69%

4.4.3　椭圆纤维拦截捕集效率

拦截捕集机制存在于各种尺度大小颗粒的捕集过程中。随着颗粒粒径的增大，颗粒的随机布朗扩散能力逐渐减弱，影响颗粒捕集过程的机制由扩散捕集机制逐渐转变为拦截捕集机制。此时，不仅颗粒的扩散能力较弱，其惯性也相对较小，颗粒在流场中的运动轨迹几乎和流线相吻合(图 4.7)。当颗粒与纤维表面距离小于颗粒半径时，颗粒即被捕集。很明显，拦截机制主导时的捕集效率除了受到 ε 和 θ 的影响之外，还可能受到颗粒粒径的影响。图 4.8 为椭圆纤维拦截捕集效率与相同填充率圆形纤维拦截捕集效率之比 $C_{E,R}$ 与 ε、θ 和 $R(=d_p/d_f=d_p/(ab)^{1/2})$ 之间的关系。其中，圆形纤维的拦截捕集效率公式[8]为

$$\eta_R = \frac{1+R}{2Ku}\left[2\ln(1+R)-1+\alpha+\left(\frac{1}{1+R}\right)^2\left(1-\frac{\alpha}{2}\right)-\frac{\alpha}{2}(1+R)^2\right] \tag{4.7}$$

式(4.7)中，除了 α 之外，R 为另一个重要参数。从图中数据可以发现，$C_{E,R}$ 与拦截系数 R 的关系不大。原因在于式 4.7 已充分考虑了颗粒粒径对拦截捕集效率的影响。因此，只需要分析 ε 和 θ 对 $C_{E,R}$ 的影响。

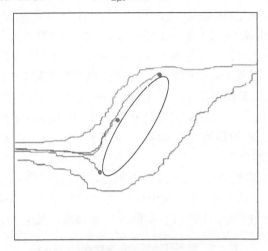

图 4.7 拦截机制主导时颗粒的运动轨迹

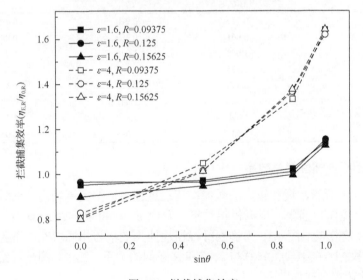

图 4.8 拦截捕集效率

对图 4.8 中数据分析可知，当 ε 一定时，$C_{E,R}$ 与 $\sin\theta$ 的关系大致符合指数关系：$C_{E,R}=A\times\exp(-\sin\theta/t)+y_1$；当 θ 一定时，$C_{E,R}$ 可用 ε 的二次多项式表示：$C_{E,R}=B_1\cdot\varepsilon^2+B_2\cdot\varepsilon+y_1$。同样使用 ε 的二次多项式 A、t、y_1 等参数，通过多次试验得到 $C_{E,R}$ 的表达式为

$$C_{E,F} = F_E/F_0 = \left(\beta_1 \cdot \varepsilon^2 + \beta_2 \cdot \varepsilon + \beta_3\right)\exp\left(-\sin\theta/\left(\beta_4 \cdot \varepsilon^2 + \beta_5 \cdot \varepsilon + \beta_6\right)\right) \\ + \beta_7 \cdot \varepsilon^2 + \beta_8 \cdot \varepsilon + \beta_9 \tag{4.8}$$

利用莱温伯格—马卡特方法，可以得到各个参数的最佳估计值如下：$\beta_1 = 1.324 \times 10^{-3}$；$\beta_2 = 1.269 \times 10^{-2}$；$\beta_3 = -1.533 \times 10^{-2}$；$\beta_4 = -5.573 \times 10^{-3}$；$\beta_5 = 6.856 \times 10^{-2}$；$\beta_6 = 1.914 \times 10^{-1}$；$\beta_7 = 1.055 \times 10^{-1}$；$\beta_8 = -6.133 \times 10^{-1}$；$\beta_9 = 1.570$。表 4.5 给出了 LB-CA 与拟合公式式(4.8)以及 Raynor 公式[9]的结果，拟合公式与 LB-CA 结果误差在 3% 以内，能够很好地代替模拟结果。在与 Raynor 公式结果比较中，式(4.8)的结果和 Raynor 的结果存在一定差异，尤其是 θ 较小时。在 Raynor 的拦截效率计算中[9]，将两根极限流线之间的距离除以相同纤维填充率下圆形纤维直径得到的结果 $((ab)^{1/2})$ 作为拦截捕集效率。实际上，当 θ 取 0 和 $\pi/2$ 时，椭圆纤维的迎风面积分别取决于短轴(b)和长轴(a)的长度。很明显，$b < (ab)^{1/2} < a$，而且，三者之间的差距随着 ε 的升高而增大。这就是为什么式(4.8)结果和 Raynor 结果相比在 $\theta = 0$ 时偏大，而在 $\theta = \pi/2$ 时却偏小，而且实际上，本书统计效率的方法要更加合理。

表 4.5   椭圆纤维拦截捕集效率（$\eta_{E,R}/\eta_{0,R}$）

ε	θ	LB-CA	$C_{E,R}$	$\eta_{\text{Raynor,E}}{}^{[9]}/\eta_{0,R}$
1.6	0	0.939	0.910	0.639
1.6	$\pi/6$	0.961	0.989	0.881
1.6	$\pi/3$	1.043	1.070	1.084
1.6	$\pi/2$	1.175	1.149	1.181
4	0	0.815	0.810	0.358
4	$\pi/6$	1.025	1.048	0.921
4	$\pi/3$	1.358	1.330	1.391
4	$\pi/2$	1.633	1.643	1.654

4.4.4   椭圆纤维惯性捕集效率

如图 4.9 所示，惯性较大的颗粒在运动过程中，偏离流场内流线，与纤维迎风面发生碰撞而被捕集。根据模拟结果，发现 ε、θ 和 $R(=d_p/d_f)$ 均对椭圆纤维惯性捕集效率有影响。图 4.10 为椭圆纤维惯性捕集效率与相同填充率下圆形纤维惯性捕集效率之比 $C_{E,I}(=\eta_{E,I}/\eta_{0,I})$ 与 ε、θ 和 R 之间的关系，其中，圆形纤维惯性捕集效率 $\eta_{0,I}$ 的计算公式为[10]

$$\eta_{0,I} = \frac{St \cdot (29.6 - 28\alpha^{0.62})R^2 - 27.5R^{2.8}}{2Ku^2} \tag{4.9}$$

从图中可以得到以下结论：①捕集效率随着 θ 角的增大而升高；②捕集效率的上升速率取决于拦截系数 R（对于形状确定的椭圆纤维，拦截系数越大，捕集效率上升越快）；③ε 和 θ 值共同决定了椭圆纤维的迎风面积，而迎风面积对椭圆纤维的惯性捕集效率有重要的影响；④与椭圆纤维扩散捕集效率不同，并非所有情况下椭圆纤维的拦截捕集效率都高于相同填充率下圆形纤维的惯性捕集效率，尤其是细长椭圆长轴与来流方向平行时，即当$\theta=0$时，$\eta_{\mathrm{E,I}}/\eta_{0,\mathrm{I}}<1$。

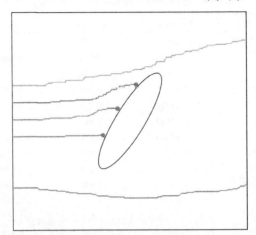

图 4.9　惯性机制主导时颗粒的运动轨迹（$\varepsilon=4,\theta=\pi/3$）

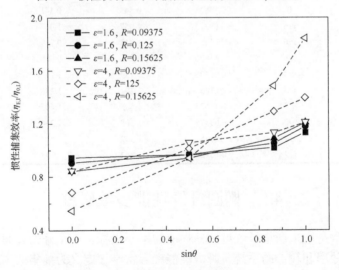

图 4.10　惯性捕集效率（$\eta_{\mathrm{E,I}}/\eta_{0,\mathrm{I}}$）

利用与之前类似的分析方法，可以得到$C_{\mathrm{E,I}}$的经验公式如下：

$$C_{\mathrm{E,I}}=\left(\beta_1\cdot R^2+\beta_2\cdot R+\beta_3+\exp\left(\left(\beta_4\cdot R^2+\beta_5\cdot R+\beta_6\right)\sin\left(\beta_7\cdot\theta+\beta_8\right)\right)\right)\cdot\varepsilon+\beta_9$$

$$(4.10)$$

然后计算得到各个参数的最佳估计值：$\beta_1=3.105$；$\beta_2=-7.918\times10^{-1}$；$\beta_3=-9.364\times10^{-1}$；$\beta_4=-14.065$；$\beta_5=1.433$；$\beta_6=-6.453\times10^{-1}$；$\beta_7=1.306$；$\beta_8=-3.896$；$\beta_9=9.554\times10^{-1}$。

表 4.6 为拟合结果与模拟结果之间的对比，误差范围在 8%以内，可见式(4.10)能够较好地反映形状差异对惯性捕集效率造成的影响。

表 4.6 椭圆纤维拦截捕集效率($\eta_{E,I}/\eta_{0,I}$)

ε	θ	$R=d_p/d_f$	LB-CA	$C_{E,I}$	误差
1.6	0	0.09375	0.943	0.923	−2.00%
1.6	0	0.125	0.905	0.864	−4.40%
1.6	0	0.15625	0.853	0.789	−7.26%
1.6	$\pi/6$	0.09375	0.966	0.975	1.03%
1.6	$\pi/6$	0.125	0.966	0.964	−0.15%
1.6	$\pi/6$	0.15625	0.941	0.959	2.00%
1.6	$\pi/3$	0.09375	1.019	1.032	1.31%
1.6	$\pi/3$	0.125	1.053	1.076	2.21%
1.6	$\pi/3$	0.15625	1.089	1.159	6.45%
1.6	$\pi/2$	0.09375	1.132	1.066	5.74%
1.6	$\pi/2$	0.125	1.178	1.147	−2.64%
1.6	$\pi/2$	0.15625	1.208	1.290	6.83%
4	0	0.09375	0.845	0.878	3.81%
4	0	0.125	0.684	0.729	6.71%
4	0	0.15625	0.545	0.541	−0.10%
4	$\pi/6$	0.09375	1.057	1.007	−4.75%
4	$\pi/6$	0.125	1.013	0.979	−3.42%
4	$\pi/6$	0.15625	0.941	0.966	2.71%
4	$\pi/3$	0.09375	1.132	1.147	1.39%
4	$\pi/3$	0.125	1.291	1.258	−2.60%
4	$\pi/3$	0.15625	1.485	1.465	−1.35%
4	$\pi/2$	0.09375	1.208	1.234	2.20%
4	$\pi/2$	0.125	1.392	1.434	3.02%
4	$\pi/2$	0.15625	1.842	1.793	−2.65%

4.5 椭圆纤维性能参数研究

性能参数是用来衡量纤维过滤器性能的重要指标。一个好的过滤器必须具有较高的捕集效率和较低的系统压降，性能参数常常被定义为捕集效率和系统压降的比值：

$$QF = \frac{-\ln(1-\eta)}{\Delta P} \tag{4.11}$$

利用已得到的压降、捕集效率修正系数，并结合相关计算公式，可以得到不同配置椭圆纤维在各个捕集机制作用下的性能表现(图 4.11)。在 ε 和 θ 较大的情况下，压降的增大速率总是大于捕集效率，最终将导致性能的下降。

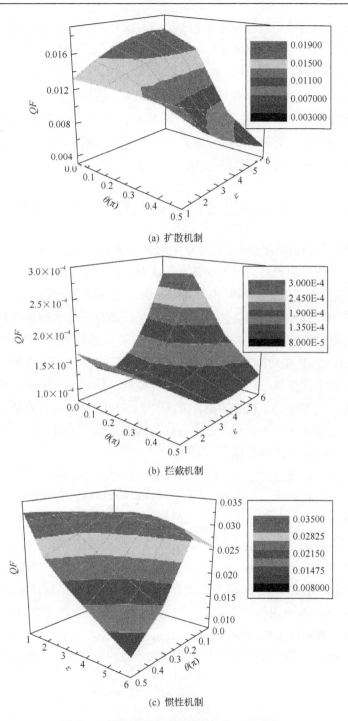

(a) 扩散机制

(b) 拦截机制

(c) 惯性机制

图 4.11 椭圆纤维性能参数随 ε 和 θ 的变化

对于布朗扩散能力较强的小粒径颗粒，ε 越大，且 $\theta=0$ 的椭圆纤维表现越好（图 4.11(a)）。当拦截机制主导时，性能参数基本上随着 ε 的增大而升高。但是，ε 越大意味着系统的压降越大。图 4.11(b) 可以看出，当 ε 增大时，θ 角的最佳设置在 $(0, 0.15\pi)$ 内，这样可以保持较高的捕集效率。在惯性机制主导时，捕集效率随迎风面积的变化非常敏感，很明显，当 $\theta=\pi/2$ 时捕集效率最高，但是这同样会导致系统压降较其他情况下较高，尤其是 ε 较大时。从图 4.11(c) 可知，椭圆纤维对于大惯性颗粒的捕集效果往往不如圆形纤维。

4.6　其他 4 种异形纤维捕集细颗粒物性能研究

在绪论中的研究进展部分，已经集中综述了异形纤维捕集颗粒物方面的工作。这方面的研究成果都表明，纤维的截面形状对过滤器的系统压降及捕集效率有很大影响。诸多异形纤维捕集颗粒的研究均发现，当扩散机制（颗粒粒径小于 0.5μm）主导时，异形纤维相比于相同体积分数的圆形纤维有更高的捕集效率[11,12]。本节主要关注的是对细颗粒物的捕集效率，尤其是在扩散机制主导范围内的细颗粒物。

利用 LB-CA 模型对矩形、三叶形、四叶形和三角形这 4 种截面的异形纤维在扩散机制主导下的捕集颗粒过程和性能进行模拟，并对这几种异形纤维的系统压降和扩散捕集效率提出了相应的拟合公式[13]。LBM 方法具有很好的并行性，模拟步骤简单，且能方便地考虑复杂边界条件的优点，特别适用于本章所研究的三叶形等异形纤维的复杂边界形貌。

模拟区域为二维的正方形区域，异形纤维放置在计算区域的中心，如图 4.12所示。计算区域的网格大小为 256×256，该网格精度已经被证明可以用来模拟可靠的流场分布，网格独立性也已经在相同工况下的圆形截面纤维的二维流场分布模拟中得到了验证[14]。设定 θ、ε 和 α 分别代表纤维放置角度，纤维长短轴比（对于矩形纤维代表的是长宽比，对于三叶形和四叶形纤维则表示构成该形状的椭圆的长短轴比），纤维体积分数（二维情况下表示纤维截面积和计算区域大小的比值）。流场的入口速度保持恒定为 $U_0=0.1\text{m/s}$。纤维体积分数 5%～10%。当体积分数为 5% 时，异形纤维的当量直径为 64μm。出口速度边界为充分发展边界，即 $\partial u/\partial x = \partial v/\partial y = 0$。利用非平衡外推格式来处理进出口边界的流场分布，上下边界为周期性边界。

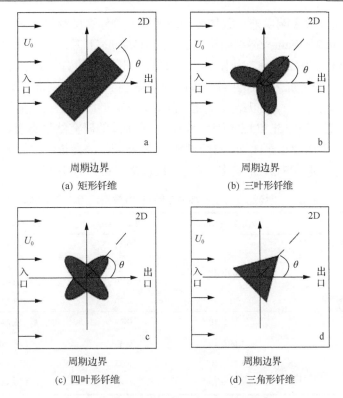

图 4.12 异形纤维周围流场计算区域

4.6.1 4 种异形纤维的系统压降

1. 体积分数和流场性质对系统压降的影响

圆形截面纤维所受的无量纲曳力 F 由纤维体积分数 α 决定。但是和椭圆纤维类似，对于异形纤维而言，单单一个 α 无法确定不同截面形状的异形纤维(矩形、三叶形、四叶形、三角形)的压降。把异形纤维压降与相同体积分数的圆形纤维压降相比，得到相应的压降比。通过改变体积分数、长宽比或放置角度，得到不同工况下的异形纤维压降，从而得到一系列的压降比，即 $C_{N,F}=F_N/F_O$，这里 F_N 表示某种异形纤维所受的无量纲曳力。

首先研究体积分数对于异形纤维系统压降比的影响。从图 4.13 中可以发现，当 ε 和 θ 一定时，$C_{N,F}$ 与 $\alpha(5\%\sim10\%)$ 几乎无关。选择这个范围的体积分数，当体积分数太大时，会导致纤维偏大，超出计算区域的边界，比如当长宽比与体积分数均较大时的矩形纤维。因此，为了简化研究，后面的纤维体积分数 α 都控制在 5%。

　　除了体积分数影响以外，流体运动黏度以及流体速度都可能对纤维系统压降产生影响。Liu 和 Wang[8]得到结论：当 $Re\,(=Ud_f/v)<1$ 时，F_0 几乎不变。d_f 表示的是异形纤维的等效直径，与同体积分数的圆形纤维的直径大小相等。本章以 $\theta=45°$、$\varepsilon=2$ 下的工况为例，并且通过改变 U 和流体动力黏度来改变 Re，得到了如表 4.7 所示的结果。模拟结果发现，该工况下矩形纤维受到无量纲曳力随雷诺数变化很小，这和 Fardi 和 Liu[15]对于矩形纤维压降的研究结果类似。经过进一步研究发现，当雷诺数小于 1 时，对于除矩形纤维以外的异形纤维的无量纲曳力也有类似的规律。本章中后面模拟的所有工况都满足雷诺数小于 1。

表 4.7　流场性质对于压降的影响（表中数据均为格子单位）

入口速度 $U/$(m/s)	运动黏度/(m^2/s)	雷诺数 Re	无量纲曳力值
0.05		0.20	18.206
0.1		0.40	18.548
0.15	1.60×10^{-5}	0.60	18.941
0.2		0.80	19.382
	2.00×10^{-5}	0.32	18.244
0.1	1.60×10^{-5}	0.40	18.548
	1.20×10^{-5}	0.53	18.929
	8.00×10^{-6}	0.80	19.545

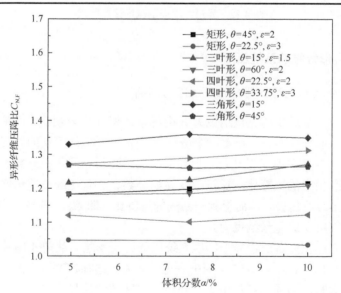

图 4.13　异形纤维压降比与体积分数关系

2. 矩形纤维的系统压降及其拟合公式

同样，可以利用 Levenberg–Marquardt 方法[3]，得到拟合公式中未知参数的取值为 $C_{N,F}=f(\varepsilon,\theta,\alpha)$。由于 α 与 $C_{N,F}$ 无关，从而可以设为 $C_{N,F}=f(\varepsilon,\theta)$。不同截面形状的异形纤维的压降比都可以采用同样的方法得到不同表达形式的拟合公式。

图 4.14 为 θ 改变时矩形截面纤维流场分布。θ 越大，流场受到的阻力也越大，因此纤维压降越大。由矩形纤维的旋转周期可知，求取任一角度的系统压降，只需模拟 0 到 $\pi/2$ 时的工况。本节模拟了 5 种 ε 的矩形纤维，ε 从 2 到 6。不同的 ε 分别考虑 5 种不同 $\theta(\theta=0,\ \theta=\pi/8,\ \theta=\pi/4,\ \theta=3\pi/8,\ \theta=\pi/2)$ 的流场分布和压降。

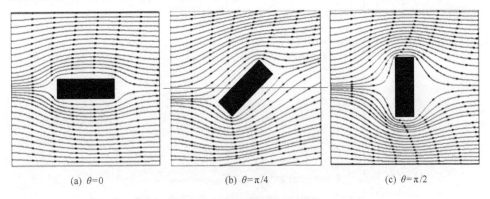

(a) $\theta=0$ (b) $\theta=\pi/4$ (c) $\theta=\pi/2$

图 4.14　矩形纤维($\varepsilon=3$)流场

首先，通过将模拟得到的矩形纤维无量纲曳力的值与 Ouyang 和 Liu[16]文章中的结果进行对比，来验证模型的准确性。从表 4.8 中的结果来看，模拟得到的矩形纤维所受的无量纲曳力与文献中的结果基本吻合，误差小于 5%。这表明，采用 LB-CA 模型来模拟矩形纤维的系统压降有较高的准确性，该模型也可以扩展到模拟其他截面形状的系统压降。

表 4.8　矩形纤维无量纲曳力的模拟值和文献值

长宽比	放置角度 θ	模拟值	Ouyang 和 Liu 文献值[16]	相对误差/%
2	0	15.68	15.53	0.96
2	$\pi/2$	22.65	21.77	3.89
3	0	15.32	14.76	3.66
3	$\pi/2$	28.43	27.02	4.96

图 4.15 表示的是，当体积分数相同时，矩形纤维的压降比 $C_{R,F}$ 随不同长宽比以及不同放置角度时的变化情况。

从图 4.15 可以发现，$\theta=0°$时，当长宽比 ε 增大时，$C_{R,F}$ 先小幅减小，然后慢

慢地增大(长宽比越大,矩形纤维越细长)。这是由于,在 $\theta=0°$ 时,长宽比对系统压降比的影响需要从两个因素(摩擦面积和迎风面积)的相互竞争结果来分析。当长宽比增大时,摩擦面积增大,导致摩擦作用力增大,同时矩形纤维的迎风面积减小,使流体更容易通过。一开始系统压降比随长短轴比增大而减小,是因为当 $\varepsilon<3$ 时,迎风面积是影响系统压降的主要因素。然而,当长宽比在 3 到 6 之间时,$C_{R,F}$ 随长短轴比增大而增大,是因为此时摩擦面积的影响占主导。在 $\theta>0$ 时,$C_{R,F}$ 随着 ε 变大而变大。从图 4.15 中可以看出,当 ε 一定时,$C_{R,F}$ 随着 θ 增加而迅速增加。这是因为,θ 越大,迎风面积越大,导致系统压降比也越大。

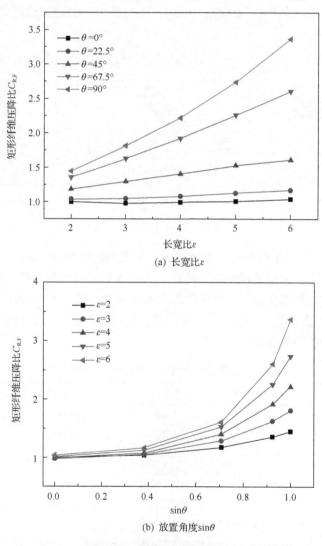

(a) 长宽比 ε

(b) 放置角度 $\sin\theta$

图 4.15　矩形纤维压降比 $C_{R,F}$

当放置角度 θ 一定时，$C_{R,F}$ 与 ε 可假设为二次多相式 $C_{R,F} = \gamma_1 \times \varepsilon^2 + \gamma_2 \times \varepsilon + \gamma_3$。$\varepsilon$ 一定，$C_{R,F}$ 与放置角度的 sin 值假设为指数形式 $C_{R,F} = \delta_1 \times \exp(-\sin\theta / \delta_2) + \delta_3$。因此，$C_{R,F}$ 满足 $C_{R,F} = \eta_1 \times \exp(-\sin\theta / \eta_2) + \eta_3$，而其中的 η_1、η_2、η_3 都可以看作关于长宽比的二次多项式，即

$$C_{R,F} = \left(\beta_1 \times \varepsilon^2 + \beta_2 \times \varepsilon + \beta_3\right) \times \exp\left(-\sin\theta / \left(\beta_4 \times \varepsilon^2 + \beta_5 \times \varepsilon + \beta_6\right)\right) \\ + \beta_7 \times \varepsilon^2 + \beta_8 \times \varepsilon + \beta_9 \tag{4.12}$$

在运用式(4.12)时，要把纤维角度转化为 0 到 90° 之间，再代入式中计算。在之后的压降拟合公式中，同样要把放置角度转化到旋转周期之内，才能代入公式计算。把模拟得到的不同工况下的矩形纤维压降比 $C_{R,F}$ 作为样本，采用 Levenberg-Marquardt 方法[1]求解未知系数的最佳值为 $\beta_1 = -0.0047513$，$\beta_2 = 0.0370439$，$\beta_3 = -0.0332571$，$\beta_4 = 0.0054559$，$\beta_5 = -0.0140015$，$\beta_6 = -0.3182474$，$\beta_7 = 0.0159603$，$\beta_8 = -0.1123664$，$\beta_9 = 1.136794$。

可以利用式(4.12)求出对应的压降比 $C_{R,F}$，再结合式(1.4)，就可以计算对应条件下的矩形纤维的无量纲曳力。结果发现，拟合公式最大误差不超过 1.63%。

3. 三叶形纤维的系统压降及其拟合公式

图 4.16 为三叶形纤维随放置角度 θ 的流场分布图。三叶形纤维是由三个相同的椭圆互成 120° 组成的，为了模拟方便，本书假设三个椭圆的焦点重合，三叶形的中心位于焦点上。从图 4.16 可以看出，角度的变化对流场会产生一定影响。但是因为三叶形纤维的比矩形的对称性更好，所以随角度变化情况比矩形小。并且，三叶形的起始角度并不是流场扰动最小的位置，所以不会像矩形那样，出现一个随角度增大流场扰动增大的情况。分析三叶形纤维的对称性可知，只需要研究 0～

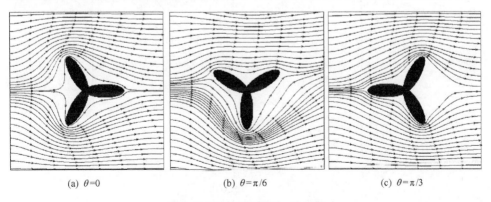

(a) $\theta=0$ (b) $\theta=\pi/6$ (c) $\theta=\pi/3$

图 4.16 三叶形纤维($\varepsilon=3$)流场

$\pi/3$ 的情况，就可以得到任一角度的系统压降。考虑了 6 种 ε 的三叶形，即 $\varepsilon=1.5$、$\varepsilon=2$、$\varepsilon=3$、$\varepsilon=4$、$\varepsilon=5$、$\varepsilon=6$。每种长短轴比下模拟不同放置角 θ 时的压降，即 $\theta=0$，$\theta=\pi/12$，$\theta=\pi/6$，$\theta=\pi/4$，$\theta=\pi/3$。

当 α 固定时，三叶形纤维的压降比 $C_{T,F}$ 与 ε 以及 θ 的关系如图 4.17 所示。从图中可以发现，当放置角度 θ 固定时，三叶形的长短轴比 ε 越大，$C_{T,F}$ 越大，且增大的趋势明显，大概呈一个指数增长的趋势。这是因为，长短轴比越大，三叶形纤维的摩擦面积就越大，而且相应的迎风面积也增大。不同的三叶形长短轴比，$C_{T,F}$ 随角度的变化规律不同，这是由于压降是由迎风面积和摩擦共同决定的。当角度改变时，迎风面积和摩擦面积均会发生改变。由于三叶形的形状比较复杂，很难描述它们随角度具体的变化情况，只能从系统压降的模拟值去分析这两个因素共同作用的结果。当放置角度 θ 不变时，$C_{T,F}$ 与长短轴比 ε 呈指数关系，所以修正系数可以表示为 $C_{T,F}=\delta_1 \times \exp(\varepsilon/\delta_2)+\delta_3$。当长宽比保持不变时，假设 $C_{T,F}$ 随角度的变化与长短轴比有关，所以在指数相的大小与长短轴 ε 有关。经过多次试验得到一种比较吻合的拟合公式：

$$C_{T,F} = \left(\beta_1 \times \sin(\theta) + \beta_2 \exp(\beta_3 \varepsilon + \beta_4) + \beta_5\right)^{\beta_6 \varepsilon + \beta_7} \exp\left(\beta_8 \sin(\theta)\right) \\ + \beta_9 \exp(\beta_{10} \varepsilon + \beta_{11}) + \beta_{12}) + \beta_{13} \tag{4.13}$$

采用与矩形纤维同样的方法。可以得到的各个未知参数最佳估计值，$\beta_1=-0.2424303$，$\beta_2=3.6743904$，$\beta_3=-0.0317773$，$\beta_4=0.1105947$，$\beta_5=-3.1193223$，$\beta_6=0.6907791$，$\beta_7=-4.9546134$，$\beta_8=-1.5614836$，$\beta_9=0.2724949$，$\beta_{10}=0.5317942$，$\beta_{11}=-1.3314456$，$\beta_{12}=-1.4702677$，$\beta_{13}=0.47451528$。

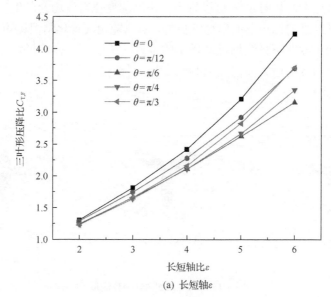

(a) 长短轴 ε

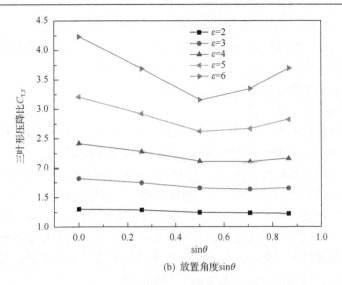

(b) 放置角度$\sin\theta$

图 4.17　三叶形纤维压降比 $C_{T,F}$

同样，可以利用式(4.13)和式(1.4)来计算不同工况下的三叶形纤维流场压降。通过误差分析发现，式(3.4)计算的结果与程序模拟得到的结果拟合得很好，最大误差不超过 2.7%，平均误差 1.34%。但是也可以发现，由于三叶形压降比随角度变化比较复杂，导致式(4.13)也比较复杂。

4. 四叶形纤维的系统压降及其拟合公式

图 4.18 是四叶形纤维随放置角度 θ 的流场变化示意图。四叶形纤维是由两个相同的椭圆正交形成的。从图中可以发现，四叶形的流场随角度变化不大，这是由于四叶形的对称性比矩形、三叶形都要好。分析四叶形纤维的对称性可知，只需要研究 0 到 $\pi/4$ 的情况就可以得到任一角度的系统压降。考虑 4 种 ε 的三叶形，

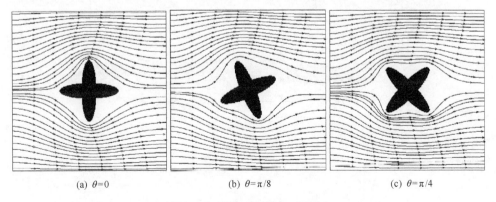

(a) $\theta=0$　　　　　　(b) $\theta=\pi/8$　　　　　　(c) $\theta=\pi/4$

图 4.18　四叶形纤维($\varepsilon=3$)流场

即 $\varepsilon=2$、$\varepsilon=3$、$\varepsilon=4$、$\varepsilon=6$。每种 ε 模拟五个放置角度的压降，即 $\theta=0$、$\theta=\pi/16$、$\theta=\pi/8$、$\theta=3\pi/16$、$\theta=\pi/4$。在四叶形纤维中，我们发现它的旋转周期性是最小的，这使得它的研究的角度比较小。而且，因为它的对称性是所有异形纤维中最好的，可以合理地预测，放置角度的变化对四叶形纤维系统压降的影响会比较小。为了验证这一观点，进行以下的分析。

当体积分数相同时，四叶形的压降比 $C_{Q,F}$ 与它的长短轴比以及放置角度的关系如图 4.19 所示。从图中可以发现，当放置角度 θ 不变时，与三叶形变化趋势类似，即四叶形的长短轴比 ε 越大，系统压降越大，且大概呈指数关系。当四叶形的长短轴比 ε 固定时，与三叶形变化趋势不同，$C_{Q,F}$ 随角度基本不变。这与图 4.19 展示的流场随角度变化不大这一规律一致，这是因为四叶形对称性很好，当四叶形的长短轴比一定时，纤维的迎风面积和摩擦面积随角度都基本不变。通过上述分析，拟合公式的形式就显而易见了。随长短轴大致呈指数关系，与放置角度的正弦值大致呈直线关系。假设 $C_{Q,F}$ 的拟合公式为

$$C_{Q,F} = \left(\beta_1 \times \sin(\theta) + \beta_2\right)\exp\left(\varepsilon/\left(\beta_3\sin(\theta) + \beta_4\right)\right) + \beta_5\sin(\theta) + \beta_6 \quad (4.14)$$

可以得到的各个未知参数最佳估计值如下：$\beta_1 = -0.1632125$，$\beta_2 = 0.9275247$，$\beta_3 = -0.1142561$，$\beta_4 = 7.5715399$，$\beta_5 = 0.1934363$，$\beta_6 = -0.0822108$。

可以利用式 (4.14) 来计算四叶形纤维流场压降。计算误差如表 4.9 所示，最大误差不超过 0.62%，平均误差 0.23%，精度较高且计算方便。

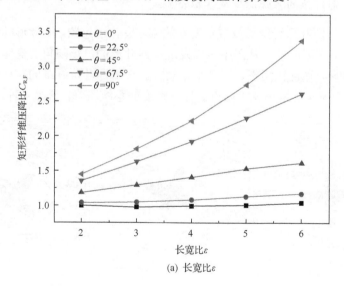

(a) 长宽比 ε

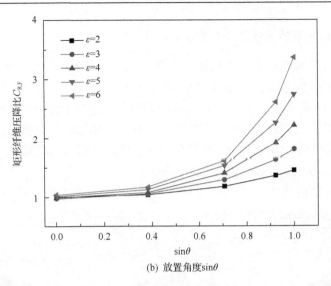

(b) 放置角度$\sin\theta$

图 4.19 四叶形纤维压降比 $C_{Q,F}$

表 4.9 $C_{Q,F}$和模拟值的相对误差

长宽比 ε	放置角度 θ	模拟值	$C_{Q,F}$公式计算值	相对误差/%
2	0	1.1244	1.1257	0.1219
2	$\pi/16$	1.1231	1.1229	0.0175
2	$\pi/8$	1.1209	1.1201	0.0642
2	$3\pi/16$	1.1161	1.1175	0.1327
2	$\pi/4$	1.1169	1.1152	0.1501
3	0	1.2978	1.2963	0.1169
3	$\pi/16$	1.2908	1.2882	0.1942
3	$\pi/8$	1.2838	1.2804	0.2591
3	$3\pi/16$	1.2723	1.2732	0.0637
3	$\pi/4$	1.2606	1.2667	0.4838
4	0	1.4871	1.4909	0.2558
4	$\pi/16$	1.4814	1.4770	0.2967
4	$\pi/8$	1.4564	1.4635	0.4860
4	$3\pi/16$	1.4483	1.4509	0.1841
4	$\pi/4$	1.4488	1.4398	0.6205
6	0	1.9641	1.9665	0.1197
6	$\pi/16$	1.9421	1.9385	0.1819
6	$\pi/8$	1.9170	1.9114	0.2938
6	$3\pi/16$	1.8776	1.8861	0.4524
6	$\pi/4$	1.8654	1.8638	0.0892

5. 三角形纤维的系统压降及其拟合公式

图 4.20 是三角形纤维在不同放置角度 θ 的流场变化示意图。为了简化研究，本书只考虑正三角形，三角形的流场随角度变化也比较小。与三叶形纤维类似，对于正三角形，需要研究 θ 取值 $0 \sim \pi/3$ 来得到任一角度的压降。与前面三种纤维不同的是，对于正三角形，当体积分数一定时，三角形的形状就固定了。因此，对于正三角形纤维，我们只研究放置角度对于压降的影响，模拟了 5 种放置角度的压降：$\theta=0$、$\theta=\pi/12$、$\theta=\pi/6$、$\theta=\pi/4$、$\theta=\pi/3$。

当体积分数相同时，三角形的压降比 $C_{\Delta,F}$ 与它放置角度的关系如图 4.21 所示。

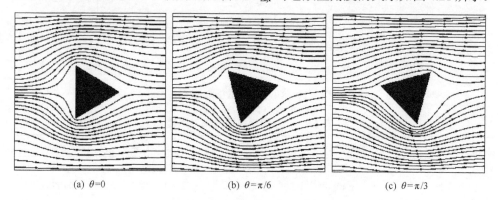

(a) $\theta=0$　　　　　　　　(b) $\theta=\pi/6$　　　　　　　　(c) $\theta=\pi/3$

图 4.20　三角形纤维($\varepsilon=3$)流场

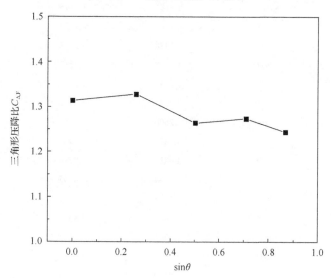

图 4.21　三角形纤维压降比 $C_{\Delta,F}$（放置角度 $\sin\theta$）

从图中可以看出，当角度改变时，$C_{\Delta,F}$ 也会相应改变。这是因为，放置角度变化会导致三角形纤维的迎风面积和摩擦面积改变。但是由于其随角度变化的规律不突出，采用多项式方法拟合 $C_{\Delta,F}$ 的表达式为

$$C_{\Delta,F} = \beta_1 \sin^3 \theta + \beta_2 \sin^2 \theta + \beta_3 \sin \theta + \beta_4 \qquad (4.15)$$

可以得到的各个未知参数最佳估计值为 $\beta_1 = -0.4150526$，$\beta_2 = -0.6009810$，$\beta_3 = -0.1336684$，$\beta_4 = 1.3160983$。

这个公式拟合的结果也较好，如表 4.10 所示，最大误差仅为 1.55%。利用式 (4.15) 可以计算不同角度下的三角形压降。

表 4.10　$C_{\Delta,F}$ 和模拟值的相对误差

放置角度 θ	模拟值	$C_{\Delta,F}$ 公式计算值	相对误差/%
0	1.3138	1.3161	0.1744
$\pi/12$	1.3283	1.3176	0.8123
$\pi/6$	1.2647	1.2846	1.5487
$\pi/4$	1.2743	1.2569	1.3869
$\pi/3$	1.2448	1.2507	0.4754

4.6.2　4 种异形纤维的扩散捕集效率

1. 体积分数以及放置角度对异形纤维扩散捕集效率的影响

与圆形截面纤维相比，异形纤维的比表面积更大，过滤细颗粒物的性能更好。本节主要研究异形纤维扩散捕集效率。与处理系统压降的方法类似，先计算得到异形纤维扩散捕集效率与同体积分数圆形纤维扩散捕集效率理论值的比值 $C_{N,D}$：$C_{N,D} = \eta_{N,D}/\eta_{O,D}$，再求取 $C_{N,D}$ 满足的公式。其中，$\eta_{N,D}$ 表示异形纤维扩散捕集效率，$\eta_{O,D}$ 表示当 α 相同时，圆形截面纤维的扩散捕集效率的理论值由 Stechkina 和 Fuchs[5] 提出的经典公式 (4-6) 计算得到。

一般认为，当颗粒直径在扩散机制主导范围之内时，过滤效率主要与佩克莱数 Pe 有关，$Pe = U d_f / D$，D 表示扩散系数，D 的计算公式为 $D = K_B T / (3\pi \mu d_p)$，其中，$U$ 表示流体的平均速度。通过改变颗粒粒径来改变 Pe 的大小，并使颗粒粒径保持在扩散机制主导范围内。布朗运动是颗粒与周围流体分子无规则碰撞的结果，当颗粒粒径大小与流体分子平均自由程大小相近时，颗粒所受的分子撞击是随机的，从而导致扩散机制主导时颗粒运动的无规则性。当颗粒直径越大时，布朗扩散机制越弱。扩散机制主导时，颗粒在异形纤维周围流场中运动轨迹如图 4.22 所示。从这个图中可以看到，有的颗粒沉积在纤维的迎风面，有的颗粒沉积在纤维的背风面，从而得到颗粒可以运动到纤维的任意表面。

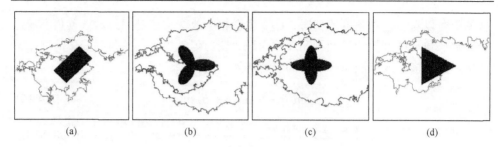

图 4.22　扩散机制主导时颗粒运动轨迹

　　首先研究异形纤维扩散捕集效率随不同 α 的变化规律。从图 4.23 中可以看出，当放置角度和长宽比一定时，异形纤维扩散效率比 $C_{N,D}$ 几乎不随体积分数变化而变化。为了分析的简洁性，在后面的模拟中忽略了 α 对 $C_{N,D}$ 的影响。因此，接下来主要研究 θ 和 ε 对扩散效率比的影响。

　　普遍认为，纤维扩散捕集效率与放置角度无关，例如 Regan 和 Raynor[4]在研究中发现，椭圆纤维的扩散捕集效率不随放置角度的改变而改变。我们也模拟得到了相同的结果。表 4.11 表示的是矩形纤维的扩散捕集效率在不同放置角度下的值。结果表明，矩形纤维的扩散捕集效率基本不随放置角度变化而变化。这是因为，当扩散机制主导时，颗粒在流场中运动的随机性很强，颗粒可以运动到纤维的任意表面。而当 ε 一定，θ 的变化不会影响纤维的捕集面积大小。其他不同截面形状的异形纤维的扩散捕集效率也与 θ 无关。

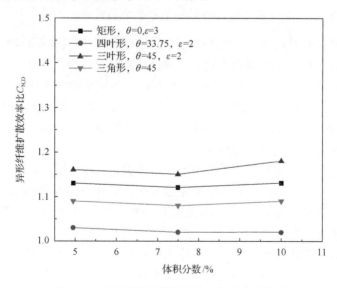

图 4.23　异形纤维扩散效率比与体积分数关系

表 4.11　矩形纤维扩散效率比（$Pe=235$）

长宽比 ε	$\theta=0$	$\theta=\pi/8$	$\theta=\pi/4$	$\theta=3\pi/8$	$\theta=\pi/2$
2	1.059	1.035	1.055	1.035	1.050
3	1.119	1.116	1.101	1.084	1.071
4	1.158	1.159	1.174	1.165	1.117

2. 异形纤维扩散捕集效率公式拟合

先研究矩形、三叶形和四叶形这 3 种形状的异形纤维扩散效率。图 4.24 为不同的 Pe 数时，这 3 种异形纤维扩散捕集效率比与 ε 的关系。可以发现这 3 种形状纤维的扩散捕集效率比变化规律类似，可以用相同的分析方法。从式（4.16）可以看出，$\eta_{O,D}$ 与 Pe 数的大小有关。但从图 4.24 中可以看出，$C_{N,D}$ 几乎不随 Pe 数的变化而变化，这可能是因为，Pe 数的影响在圆形纤维的理论扩散捕集效率公式中已经被充分考虑了。从图 4.24 中可知 $C_{N,D}$ 随 ε 增大而增大，且 $C_{N,D}$ 与 ε 大致呈线性关系。因此，$C_{N,D}$ 的拟合公式可以表示为以下形式：

$$C_{N,D}=\beta_1 \times \varepsilon+\beta_2 \tag{4.16}$$

各个未知参数最佳值可以采用 L-M 拟合方法得到，矩形纤维：$\beta_1=0.0616056$，$\beta_2=0.9121057$；三叶形纤维：$\beta_1=0.1214246$，$\beta_2=0.8830201$；四叶形纤维：$\beta_1=0.0404983$，$\beta_2=0.9472971$。

利用式（4.16），再耦合式（4.6），就可以方便地求出这 3 种异形纤维在任意 α 和 ε 下的扩散效率。表 4.12 所示，矩形纤维的误差不超过 1.12%，三叶形纤维的最大误差为 2.66%，四叶形纤维的最大误差为 1.80%。

关于 $C_{\Delta,D}$ 的规律如表 4.13 所示。从结果可知，三角形纤维扩散效率比 $C_{\Delta,D}$ 几乎不随 Pe 数变化，与上述几种形状纤维规律一致。

总结来说，扩散效率比 $C_{N,D}$ 与放置角度无关，与组成异形纤维的长短轴比有关。纤维比表面积大小是影响扩散捕集效率最主要的因素。如图 4.25 所示，不同形状异形纤维扩散捕集效率比都随着纤维比表面积比的增大而增大（S_N 表示异形纤维比表面积，S_O 表示圆形纤维比表面积）。

在图 4.25 中，还加入了椭圆纤维扩散捕集效率的数据[1]作为对比。异形纤维扩散捕集效率相比于圆形纤维均有一定程度的提高，这是因为异形纤维相比于圆形纤维有更大的比表面积。根据这一现象，对于这 5 种形状之外的异形纤维，也可以根据这个规律定性判断扩散捕集效率相对大小。但是，不同形状的纤维的扩散捕集效率随比表面积增大的斜率不同，可能是因为，当比表面积相同时，不同的几何形状纤维周围流场分布情况是不同的，从而导致颗粒运动以及捕集效率的不同。同样的比表面积情形下，椭圆截面纤维对捕集效率的增益更明显。然而，值得

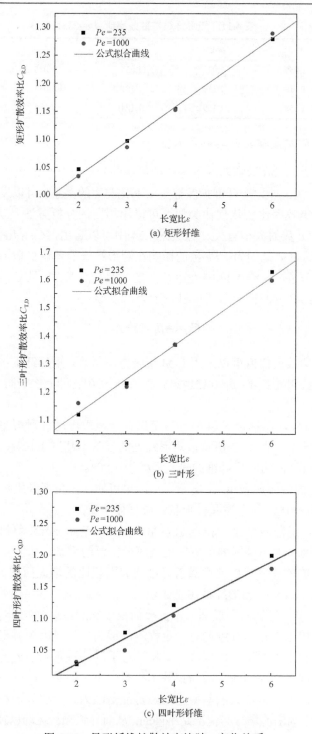

(a) 矩形钎维

(b) 三叶形

(c) 四叶形钎维

图 4.24 异形纤维扩散效率比随 ε 变化关系

注意的是，同样的体积分数情形下，椭圆纤维和矩形纤维相对于四叶型和三叶型纤维更难以实现更大的比表面积，较大的比表面积将导致其非常细长，这无疑会增大压降、并导致纤维容易断裂、制造难度也更大。

表 4.12　异形纤维扩散效率比 $C_{N,D}$ 和模拟值的误差

截面形状	Pe	长宽比 ε	模拟值	$C_{N,F}$ 公式计算值	相对误差/%
矩形	235	2	1.05	1.04	1.12
	235	3	1.10	1.10	0.11
	235	4	1.16	1.16	0.32
	235	6	1.28	1.28	0.14
	1000	2	1.04	1.04	0.07
	1000	3	1.09	1.10	0.95
	1000	4	1.15	1.16	0.41
	1000	6	1.29	1.28	0.64
三叶形	235	2	1.12	1.13	0.38
	235	3	1.23	1.25	1.10
	235	4	1.37	1.37	0.11
	235	6	1.63	1.61	0.93
	1000	2	1.16	1.13	2.66
	1000	3	1.22	1.25	2.06
	1000	4	1.37	1.37	0.26
	1000	6	1.60	1.61	0.50
四叶形	235	2	1.03	1.03	0.06
	235	3	1.08	1.07	0.85
	235	4	1.12	1.11	1.09
	235	6	1.20	1.19	0.81
	1000	2	1.03	1.03	0.26
	1000	3	1.05	1.07	1.80
	1000	4	1.11	1.11	0.38
	1000	6	1.18	1.19	0.96

表 4.13　三角形纤维的扩散捕集效率比

Pe	$\theta=0$	$\theta=\pi/12$	$\theta=\pi/6$	$\theta=\pi/4$	$\theta=\pi/3$
235	1.05	1.06	1.05	1.05	1.06
700	1.05	1.05	1.06	1.06	1.05
1000	1.05	1.05	1.07	1.05	1.05

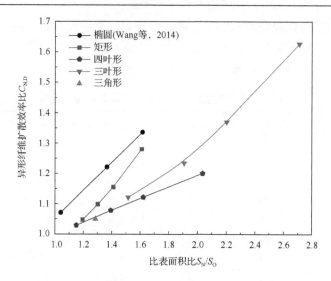

图 4.25　异形纤维扩散效率比与比表面积变化关系

4.6.3　4 种异形纤维性能比较

　　类似地，可以进行非圆形纤维在不同捕集机制主导下捕集性能的比较[17]。对于扩散主导的捕集过程，在形状一定的情况下，由于捕集效率差别不大，因此，只有通过减少系统压降的方法来提高其性能。此时，在放置纤维时必须保证迎风面积最小，这样才能使其具有较高的性能。当拦截机制主导时，不同的放置角度对性能的影响比较明显(图 4.26(b))，即使是在迎风面积相同的情况下，其性能都

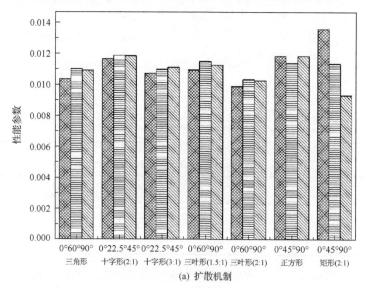

(a) 扩散机制

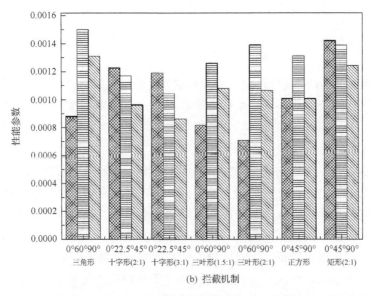

(b) 拦截机制

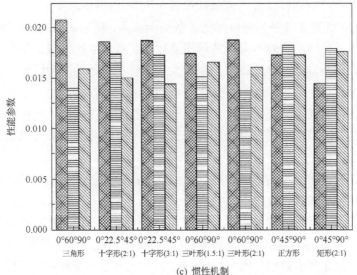

(c) 惯性机制

图 4.26 非圆形纤维性能比较

有较大差距, 例如三角形、三叶形纤维在 $\theta=60°$ 时的性能要明显高于 $\theta=0°$ 的时候。可见, 对于流场扰动较小的纤维放置方式能够得到较高的拦截捕集效率和较低的系统压降。惯性机制主导时的情况则与拦截机制主导时相反(图 4.26(c)), 使纤维附近流线急剧变化的布置方式具有较高的性能, 此时由于颗粒惯性较大, 在流线方向变化时颗粒能更好地与流线分离。更详细的结果可参阅文献[18]。

4.7　本章小结

本章使用 LB-CA 模型模拟了非圆形截面纤维捕集颗粒过程,计算了不同纤维布置下的系统压降以及不同捕集机制和布置方式下的捕集效率,并与相同纤维填充率条件下的圆形纤维压降、捕集效率作比较。通过考察颗粒在流场中的运动轨迹,阐述了纤维形状影响捕集过程的原因。

本章引入莱温伯格—马卡特方法来计算得到一系列拟合系数。这些系数用以衡量异形纤维与圆形纤维在形状上的差异,可以与已有的圆形纤维压降、捕集效率计算公式相结合来计算椭圆纤维的压降和捕集效率。与已有的公式相比,本书提出的修正系数形式上更加简洁,且具有相当的精度,更便于实际应用。通过计算与分析得到了以下结论:①对于异形纤维的流场压降,纤维的摩擦面积和迎风面积都会产生影响,当 $Re<1$ 时,纤维所受无量纲曳力几乎不随 Re 变化;②一般来说纤维旋转对称性越好,流场随放置角度变化的扰动越小,从而压降随角度变化也越小;③对于 4 种异形纤维的扩散机制来说,捕集效率比随角度和 Pe 数的变化基本可以忽略;④对于异形纤维压降比和扩散效率比来说,均与纤维体积分数无关;⑤因为异形纤维的比表面积远大于同体积分数的圆形纤维,所以异形纤维的扩散捕集效率均大于圆形纤维,且椭圆截面纤维在相同比表面积下的扩散效率增益较大;⑥在不同工况下,都可以利用模拟得到的压降比或扩散效率比的拟合公式,结合已有的圆形纤维的经典公式,从而计算相应异形纤维的系统压降和扩散捕集效率。

对于椭圆截面纤维的性能参数,我们发现:①扩散机制主导时,椭圆纤维长轴与来流平行放置时性能最好,且椭圆长短轴之比越大,性能越高;②拦截捕集机制主导时,同样是椭圆长短轴之比越大,性能越好,但是此时椭圆纤维的最佳放置角度在 $(0, 0.15\pi)$ 内;③惯性捕集机制主导时,椭圆纤维性能要比圆形纤维差。

对于其他非圆形截面纤维(包括矩形、三角形、十字形和三叶形纤维,从结果中可以发现:①对于扩散能力较强的颗粒,同种纤维在放置角度不同时,捕集效率变化不大;②当拦截机制在捕集过程中起到主导作用时,即使在相同的迎风面积的情况下,捕集效率仍然存在差异,其中纤维放置角度使得迎风面对流场扰动较小的情况下捕集效率较高,此时系统压降也较小;③与②情况相反,当惯性机制主导时,若迎风面积相同,则迎风面对流场较大的纤维放置方式(如方位角为 $0°$ 时)具有更高的捕集效率。

参 考 文 献

[1] Wang H, Zhao H, Wang K, et al. Simulating and modeling particulate removal processes by elliptical fibers[J]. Aerosol Science & Technology, 2014, 48(2): 207-218.

[2] 王浩明, 赵海波, 郑楚光. 格子波尔兹曼两相流模型模拟椭圆纤维捕集颗粒物过程[J]. 中国电机工程学报, 2013, 33(8): 50-57.

[3] Moré J J. The levenberg-marquardt algorithm: implementation and theory[J]. Lecture Notes in Mathematics, 1977, 630: 105 116.

[4] Kuwabara S. The forces experienced by randomly distributed parallel circular cylinders or spheres in a viscous flow at small reynolds numbers[J]. Journal of the Physical Society of Japan, 1959, 14(4): 527-532.

[5] Kirsh V A. Stokes flow and deposition of aerosol nanoparticles in model filters composed of elliptic fibers[J]. Colloid Journal, 2011, 73(3): 345-351.

[6] Regan B D, Raynor P C. Single-fiber diffusion efficiency for elliptical fibers[J]. Aerosol Science & Technology, 2008, 42(5): 357-368.

[7] Stechkina I B, Fuchs N A. Studies on fibrous aerosol filters-I. calculation of diffusional deposition of aerosols in fibrous filters[J]. The Annals of Occupational Hygiene, 1966, 9(2): 59-64.

[8] Liu Z G, Wang P K. Pressure drop and interception efficiency of multifiber filters[J]. Aerosol Science & Technology, 1997, 26(4): 313-325.

[9] Raynor P C. Single-fiber interception efficiency for elliptical fibers[J]. Aerosol Science & Technology, 2008, 42(5): 357-368.

[10] Brown R C. Air filtration: an integrated approach to the theory and applications of fibrous filters[J]. Pergamon press New York, 1993.

[11] 黄浩凯, 赵海波. 矩形截面纤维流场压降及细颗粒扩散捕集效率[J]. 中国科学院大学学报, 2017, 34(2): 210-217.

[12] Kao J N, Tardos G I, Pfeffer R. Dust deposition in electrostatically enhanced fibrous filters[J]. IEEE Transactions on Industry Applications, 1987, 23(3): 464-473.

[13] Huang H, Wang K, Zhao H. Numerical study of pressure drop and diffusional collection efficiency of several typical noncircular fibers in filtration[J]. Powder Technology, 2016, 292: 232-241.

[14] Wang H, Zhao H, Guo Z, et al. Numerical simulation of particle capture process of fibrous filters using lattice boltzmann two-phase flow model[J]. Powder Technology, 2012, 227(9): 111-122.

[15] Fardi B, Liu B Y H. Flow field and pressure drop of filters with rectangular fibers[J]. Aerosol Science & Technology, 1992, 17(1): 36-44.

[16] Ouyang M, Liu B. Analytical solution of flow field and pressure drop for filters with rectangular fibers[J]. Aerosol Science & Technology, 1998, 23(3): 311-320.

[17] Wang K, Zhao H. The influence of fiber geometry and orientation angle on filtration performance[J]. Aerosol Science & Technology, 2015, 49(2): 75-85.

[18] 干坤, 赵海波. 异形纤维捕集颗粒过程的格子 Boltzmann 法数值模拟[J]. 中国粉体技术, 2015, 21(6): 1-7

5 纤维捕集颗粒物非稳态过程的数值模拟

5.1 引 言

一般认为真实情况下的颗粒捕集过程可以分为 3 个阶段：纤维捕集阶段、过渡捕集阶段、完全枝簇捕集阶段。当纤维开始捕集颗粒时，纤维表面没有颗粒沉积，处于清洁状态（此时的捕集效率即为清洁捕集效率），完全由纤维来捕集颗粒，这一阶段也可称为稳态过滤阶段。随着纤维上的颗粒数目逐渐增多，颗粒在纤维上开始形成了枝簇结构，此时颗粒一部分由纤维捕集，另一部分由枝簇结构捕集，这一阶段即为纤维-枝簇捕集阶段或过渡捕集阶段。随着枝簇结构的进一步生长，颗粒基本由枝簇结构捕集，即为完全枝簇捕集阶段。

在稳态过渡阶段和完全枝簇捕集阶段，一方面，由于颗粒会不断沉积在纤维表面或枝簇表面，改变纤维/枝簇的形状进而对流场产生影响；另一方面，沉积颗粒形成的枝簇结构对捕集效率和系统压降也有明显的影响，因此有必要对枝簇结构的动态生长过程进行研究。这将有利于人们加深对非稳态过滤过程的认识，从而优化过滤器结构，提升过滤器性能。在这部分的研究中，流场和颗粒场在每个时间步长之内都需要重新计算，以获得非稳态捕集过程的细节特征。另外，需要对粘污纤维的一些重要参数如描述枝簇结构形状的分形维数、孔隙率、效率和压降等进行研究分析，以掌握枝簇结构的形成和生长过程、纤维捕集性能的动态变化规律。

然而模拟这一非稳态的捕集过程存在许多困难，主要体现在以下几个方面：①枝簇结构的生长比较复杂，没有简单的形状和模型去描述。枝簇结构的形状主要取决于主导的捕集机制，捕集机制不同，枝簇结构差别很大。②不断生长的团簇会对纤维周围的流场产生扰动，在模拟过程中需要实时更新流场分布。③由于流场和捕集面积的变化，过滤器的捕集效率和压降都会相应地改变。

在不同的数值模拟方法中，格子 Boltzmann 方法是模拟纤维非稳态过滤过程的一种非常有效且可靠的方法，它能够简单而高效地模拟流体在不规则和动态变化几何边界处的流动。Filippova 和 Hanel[1]利用格子 Boltzmann 方法和拉格朗日方法模拟非稳态纤维捕集颗粒过程，考虑了流场的重新计算。后来 Lantermann 和 Hanel[2]把之前的工作扩展到模拟纳米颗粒在电场作用下的捕集和沉积过程，其中的颗粒运动由蒙特卡洛方法描述。

在本章中，先利用格子 Boltzmann-元胞自动机概率(LB-CA)模型模拟了圆形截面纤维(包括单纤维和多层纤维)非稳态捕集颗粒的过程与性能，并进一步模拟了椭圆截面纤维非稳态荷尘过程。LB-CA 模拟所得沉积形态、系统压降和捕集效率与他人的实验或模拟结果[3,4]进行验证，本节内容有利于对复杂过滤过程的深入理解和进一步研究。

5.2 纤维非稳态捕集颗粒物的模拟方法

在非稳态的捕集过程中，捕集体(包括纤维和已沉积颗粒形成的枝簇结构)的形状是不断变化的，一旦有颗粒沉积在纤维表面或者颗粒枝簇上，它就变成了捕集体的一部分，从而影响周围流场分布。所以，一旦检测到有颗粒被捕集，就需要对流场分布进行重新计算。本书所用的 LB-CA 模型可以用简单的规则来处理这种复杂的动态边界情况。

在该模型中，我们把计算区域内的网格分为 3 类：流体格点、固体格点和边界格点，如图 5.1 所示。全填充、半填充和无填充圆形分别代表了固体格点、边界格点和流体格点，而全填充的正方形代表的是流场中的颗粒。在流体和边界格点中可以包含颗粒，控制颗粒的运动方程为式(2.27)。在一个边界格点中，能容纳的颗粒体积是有限的。如果沉积在边界格点上的颗粒物的体积 V_{depo} 达到了预定的上限值 $V_{\text{depo,max}}$，该边界格点就转变为一个固体格点。$V_{\text{depo,max}}$ 的计算公式采用 Yu 等[5]提出的计算沉积颗粒枝簇结构的孔隙度的公式：

$$V_{\text{depo,max}} = \left[0.433 + (1 - 0.433) \exp(-0.446 d_p^{0.579}) \right] V \tag{5.1}$$

式中，V 表示的是网格体积；d_p 为颗粒直径。

式(5.1)表示边界格点沉积颗粒体积上限 $V_{\text{depo,max}}$ 由捕集的颗粒粒径决定。颗粒不能运动到固体格点上；一个流体格点可以转变为边界格点，再变为固体格点。实际上，如果一个颗粒和纤维表面或者已沉积颗粒发生碰撞(即固体颗粒物运动到的下一个格点为边界格点或固体格点)，该颗粒就认为被捕集了。如果颗粒运动的下个位置是固体格点(如图 5.1 中的编号为 1 的颗粒)，那么该颗粒当前格点从一个流体格点转变为边界格点，并实时更新这个边界格点的 V_{depo} 值。如果颗粒运动的下个位置是一个边界格点，V_{depo} 就要加上该颗粒的体积 V_P，然后检查更新后的 V_{depo} 值是否达到 $V_{\text{depo,max}}$。如果达到了，该边界格点就转变为一个固体格点(如图 5.1 中的编号为 4 的格点)，不能再容纳其他颗粒。流体格点固化的过程实际上就代表了边界的动态变化过程。流体粒子的演化按照式(2.3)在流体格点和边界格点中进行，固体格点处的边界格式采用反弹格式。本书中并没有把边界格点当做多孔介质来处理，这种处理方法计算简单，但会引入一定的误差。在模拟过程中，每个时间步长内都要考虑新的固化格点对流场分布的影响[6]。

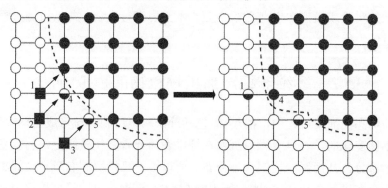

图 5.1　3 种类型网格示意图

5.3　圆形纤维非稳态捕集颗粒物模拟

对于纤维非稳态捕集颗粒研究，模拟方法相对于实验方法有一个明显的好处就是：通过模拟不仅能够得到颗粒枝簇结构完全形成后的形态，还可以动态地观测该枝簇结构的形成过程，而想要通过实验，去实时地得到枝簇结构的形状是非常麻烦的。

5.3.1　不同捕集机制下的沉积模态

Kanaoka 等[7]在 Kuwabara 流场内使用 Monte Carlo 方法模拟了单纤维表面沉积颗粒形成的枝簇结构的生长过程，提出了沉积模态与过滤条件(与无量纲过滤参数 Pe 数和 St 数有关)之间的关系；他们利用 3 种极限条件 $Pe=0$、$Pe=\infty$ 且 $St=0$、$St=\infty$ 分别再现了扩散捕集机制、拦截机制和惯性机制各自主导下的沉积模态[8]。纯布朗扩散作用下，颗粒会在纤维四周沉积，形成几乎各向同性相对开放的结构；拦截机制作用下，在纤维表面与来流夹角 45°和 135°两处较其他地方明显有更多的颗粒沉积，且枝簇结构向着与来流相反的方向生长；惯性机制主导下颗粒主要沉积在纤维的迎风面上。LB-CA 模型提供了枝簇结构动态演化的详细信息(图 5.2)[3]，枝簇结构的形状与已有文献的结果[7]吻合较好。可见，LB-CA 模型能够获准确描述非稳态过滤过程。

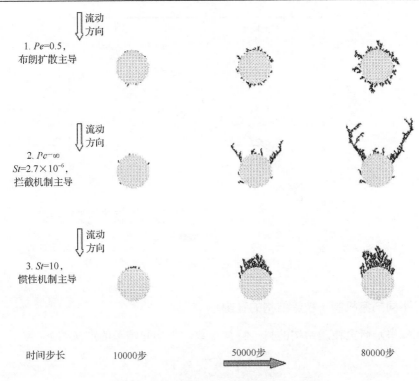

图 5.2　不同捕集机制下的颗粒沉积模态

5.3.2　不同捕集机制下枝簇结构分形维数

本节引入分形维数研究枝簇结构的生长情况。分形维数用于衡量复杂物体的不规则度，能够反映物体占据空间的有效程度。在此，利用计盒维数方法来计算枝簇结构的分形维数。

如图 5.3 所示，在枝簇结构形成的早期(沉积颗粒数目小于 400)，不同捕集机制下枝簇结构的分形维数所差无几，几乎都从 1.0 增高到 1.25。随着不同的沉积模态，分形维数的变化趋势开始有所不同。扩散主导下形成的枝簇结构的分形维数持续升高，几乎随着沉积颗粒数目的增多呈现出线性增长的趋势。这是因为，在这种情况下，颗粒能够沉积在纤维表面任一位置，能够更有效地占据空间。在拦截机制主导下，分形维数一度几乎保持不变或者略微下降，然后再不断升高。原因在于，在颗粒数目为 400~500 之间时枝簇结构的生长主要在纤维表面 45°和 135°两个方向，然后才开始在这两个主要枝簇结构的前方开始沉积颗粒，导致分形维数再次升高。当惯性机制主导时，随着捕集过程的进行，分形维数最终在 1.35 处波动，说明枝簇结构的不规则度几乎不再变化。

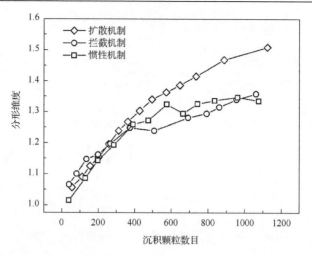

图 5.3　不同捕集机制主导下枝簇结构分形维数变化

5.3.3　不同捕集机制下枝簇结构的孔隙率

孔隙率是研究枝簇结构的另一特征参数。平均孔隙率的定义如下：

$$\varepsilon = 1 - \sum\nolimits_{i=1}^{n} V_i / V \qquad (5.2)$$

式中，V_i 为第 i 个颗粒的体积；V 为枝簇结构的总体积。

显然，孔隙率在纤维径向是变化的。本小节主要研究不同沉积颗粒层上的孔隙率分布情况。因为颗粒属于球形且单分散性颗粒，所以，枝簇结构可以分为不同的沉积层(图 5.4)。第 i 层沉积颗粒的孔隙率可由下式计算得到：

$$\varepsilon_i = 1 - \frac{n_i \cdot V_\mathrm{p}}{V_{\mathrm{lay},i}} \qquad (5.3)$$

式中，n_i 为第 i 层沉积层上的颗粒数目；V_p 为颗粒体积；$V_{\mathrm{lay},i}$ 第 i 沉积层总体积。

图 5.5 显示了各个捕集机制单独作用下枝簇结构内孔隙率的分布情况。整体而言，靠近纤维处的孔隙率较低，远离纤维表面处的孔隙率较高；孔隙率在纤维径向首先下降，然后升高，最终接近稳定；第一沉积层上的孔隙率一般高于其他沉积层，除了扩散机制主导情况下；前 15 个沉积层内扩散主导的枝簇结构孔隙率较小，而第 15 沉积层之后惯性机制主导形成的枝簇结构孔隙率最小。图中还可以发现，第 2 和第 3 沉积层上的孔隙率最低，原因在于最先在纤维表面沉积的颗粒(第 1 沉积层)形成了一些小的突触，在这些突触附近流体变化较为剧烈，使得突触附近比纤维表面更加容易捕集颗粒。从对孔隙率的统计方法来看，沉积层离纤维越远，沉积层体积越大，因此，远处的枝簇孔隙率越小。这些结果对于理解不同捕集机制的本质具有帮助。

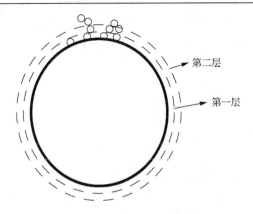

图 5.4 颗粒沉积层示意图

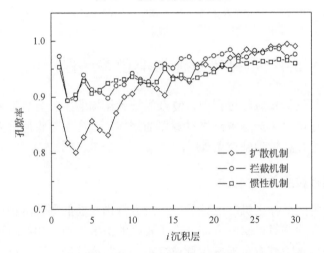

图 5.5 不同捕集机制主导下形成的枝簇结构的孔隙率

5.3.4 纤维粘污过程中压降和效率变化

枝簇结构的生长扩大了对悬浮颗粒的捕集范围，导致了压降和捕集效率的升高。Kasper 等[9]通过实验得到了捕集效率随沉积颗粒数目变化的计算公式。我们以 Kasper 实验为基准，研究捕集效率及压降随沉积颗粒数目的变化情况。按照实验取得具体参数如下：St=0.3，d_p=1.3μm，d_f=30μm，ρ_p/ρ_f=764.3。如图 5.6(a)中所示，模拟结果与 Kasper 的实验结果吻合非常好，这也进一步证明了 LB-CA 模型不仅可以模拟清洁工况，对荷尘工况也能很好的模拟。

由于 $F/F_0=\Delta P/\Delta P_0$($\Delta P_0$ 为清洁工况下的系统压降)，所以此处同样使用无量纲曳力来表示压降变化。图 5.6(b)为系统压降在捕集过程中的变化过程，与经验模型结果[10]进行比较，发现 LB-CA 模型对于预测压降也取得了较好的结果。

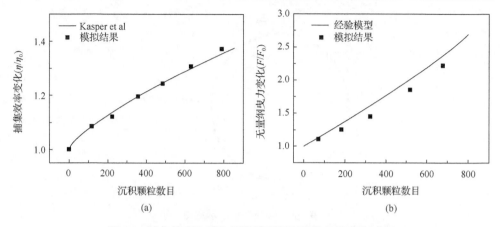

图 5.6　捕集效率和系统压降随沉积颗粒数目的变化过程

5.4　多纤维过滤器非稳态过程模拟

在真实的纤维捕集颗粒过程中，复杂的枝簇结构的生长会导致系统压降的升高，而当系统压降过大会导致纤维过滤器的损坏，因此本节将压降升到初始压降的 8 倍时，作为模拟过程结束条件[4]。

5.4.1　沉积颗粒枝簇结构生长过程

图 5.7(a) 为扩散捕集机制主导下(Pe=235)纤维表面的颗粒沉积模态。此时，颗粒沉积主要发生在纤维深度方向，由于较强的扩散能力，颗粒轨迹杂乱无章，在纤维表面任何地方都有可能发生颗粒沉积。与并列纤维不同，错列纤维内部流场随着颗粒不断沉积而改变，使得颗粒能够通过的范围变小，最终导致了有相当一部分颗粒在后方纤维的前方沉积，且向着来流方向相反的方向生长，形成一个类似惯性捕集导致的狭长的枝簇结构。后方纤维迎风面形成狭长枝簇的另一个原因在于：前方纤维枝簇结构的生长导致允许流体通过的面积变小，在这些区域内流体速度变大，使得小颗粒在运动到此处时扩散能力降低，运动轨迹向着流线靠拢，从而沉积在后方纤维迎风面上。

惯性较大的颗粒(St=1.6)总是在纤维前方沉积，且形成的枝簇结构较为紧凑，分叉较少，与来流方向逆向生长(图 5.7(b))。在并列纤维布置方式中，由于前方纤维的遮挡作用，后方纤维仅能捕集到很小部分的颗粒；反之，在错列纤维布置方式中，仍然有一部分颗粒能被后方纤维捕集，尤其是位于第二排的纤维(其具有最强的捕集能力)。整体而言，纤维对惯性较大颗粒的捕集效果还是取决于迎风面积。当然，需要指出的是，此时在错列纤维过滤器中较容易发生阻塞。

拦截捕集机制主导时的颗粒沉积模态如图 5.7(c)所示。大多数纤维表面的枝簇结构生长和单纤维工况下的生长模式类似：在纤维表面与来流方向成45°和135°两个方向上有两个主要的分叉形成。需要补充的是，此时在错列纤维布置方式中，在后方纤维上也可能形成于扩散主导时类似的狭长枝簇结构。

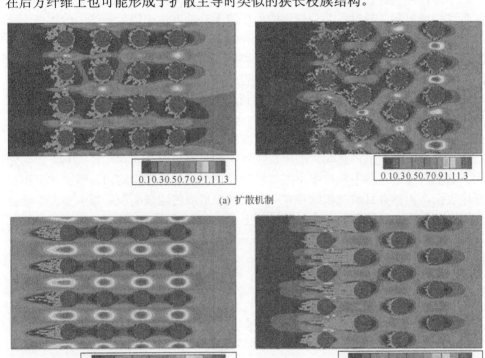

(a) 扩散机制

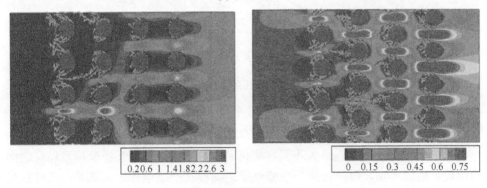

(b) 惯性机制

(c) 拦截机制

图 5.7 不同捕集机制下颗粒的沉积模态

5.4.2 捕集过程压降变化

Zhao 等[10-12]提出了粘污工况下系统压降的经验计算公式。图 5.8 为不同捕集机制下颗粒沉积过程中的压降变化情况与 Zhao[10]模型结果的对比。总体来看，在扩散和拦截机制主导时，并列纤维中的压降上升速度快于错列纤维中的压降上升速度，这主要是因为，在这种情况下两种纤维布置模式下的颗粒沉积模态比较类似，而并列纤维的压降初始值较小。在惯性捕集机制主导下，颗粒沉积在纤维迎风面上且形成的枝簇结构较为紧致而没有分叉。因此，整个系统的迎风面积改变不大，导致压降上升较为缓慢。可以看到，在错列纤维布置方式中，虽然初期压降上升较慢，但是沉积到达一定程度后，由于堵塞的发生，系统压降迅速上升。另外可以看到，由于经验模型认为颗粒在纤维系统内部是均匀沉积的，且不考虑沉积模态对压降造成的影响，所以模拟结果和经验模型之间存在较大差异。实际上，真实的捕集过程中颗粒不可能像经验模型中假设的那样均匀、紧密地沉积在纤维表面，同样数目的沉积颗粒在实际过程中造成的迎风面积的增大要大于经验模型中的假设，这种情况是在拦截机制主导时尤为明显。

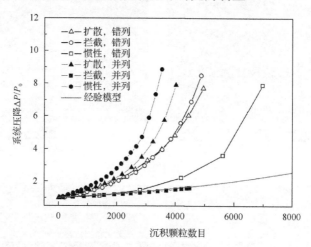

图 5.8　颗粒捕集过程中系统压降的变化(l/h=1.143, α=17.2%)

5.4.3 捕集过程效率变化

图 5.9(图例均同图(a))为不同捕集机制主导下模拟结果和经验模型结果之间的比较。由图可知，模拟结果与经验结果之间存在一定差异，尤其是在惯性捕集机制主导的情况下。该差异同样是由于不同的纤维布置方式造成的。在惯性捕集机制下，颗粒在纤维表面的沉积模态最不均匀，因此这时与经验模型(式(1.9))结果之间的差异最大。但同时可以发现，此时并列纤维捕集效率变化与 Kasper 等[8]针对并列纤维捕集大惯性颗粒时提出的捕集效率变化公式结果吻合较好(图5.9(c))。

需要指出的是，虽然在惯性捕集主导时错列纤维的捕集效率上升较缓慢，但是它的初始值是最高的。

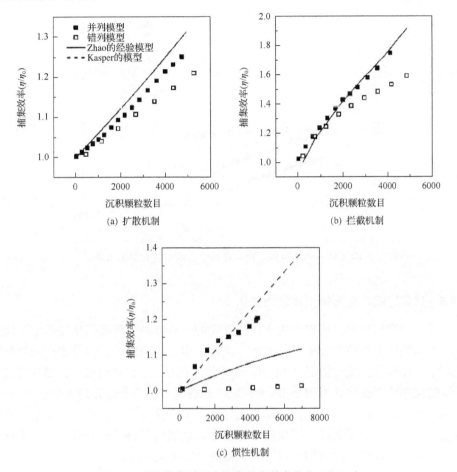

(a) 扩散机制

(b) 拦截机制

(c) 惯性机制

图 5.9　颗粒捕集过程中捕集效率的变化(l/h=1.143)

从图 5.9 还可以发现，在拦截捕集机制主导时，捕集效率上升速率最大。虽然拦截捕集效率与另外两种机制下的捕集效率相比要小很多，而且颗粒的沉积速率也较慢，但是由于其特殊的枝簇结构，能够以较少的沉积颗粒获得较大的捕集范围，所以捕集效率上升最快。在扩散捕集机制下，颗粒沉积速度较快，但由于颗粒沉积在纤维表面任一位置，所以迎风面积随沉积颗粒数目增长速率要低于拦截捕集机制主导时的情况。这种现象也存在于单纤维捕集颗粒过程[13]。

5.4.4　捕集过程性能变化

图 5.10 为不同捕集机制下纤维过滤器的性能参数(如式 4.11 所计算)变化情况。总体而言，性能参数随着捕集过程的进行不断降低，而且错列纤维的性能总

是优于并列纤维。但是在惯性捕集机制主导时，错列纤维极其容易发生堵塞，此时并列纤维的使用时间更长。

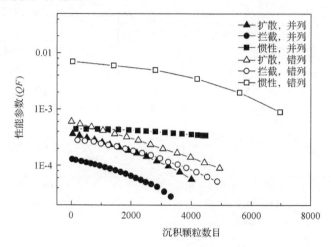

图 5.10　捕集过程中系统性能参数的变化(l/h=1.143)

5.4.5　捕集过程中各纤维捕集能力变化

为了研究如何优化纤维布置方式，重要的一点就是了解在捕集过程中不同位置纤维捕集能力随荷尘量的变化过程。因此，本小节研究了各排纤维在颗粒沉积过程中的捕集能力变化情况（图 5.11，图例均同图(a)）。由图可知，大部分情况下纤维的捕集能力变化并不明显，图中初始阶段的突变是由于计算尚未稳定造成的。区别最大的是，错列纤维在惯性捕集主导时，第一排纤维捕集能力在发生堵塞后迅速升高，导致了其他纤维捕集能力的下降。这些情况再次说明清洁工况下纤维优化建议的有效性，而他们同样适用于粘污纤维工况。

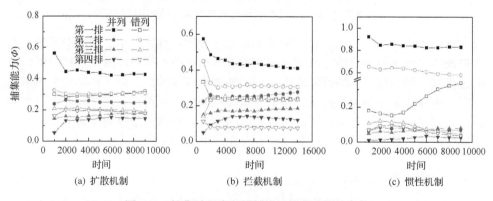

图 5.11　捕集过程中各排纤维对捕集贡献的变化

5.5 椭圆纤维非稳态捕集颗粒物模拟

图 5.12 展示的是入口速度为 0.1m/s、颗粒粒径为 0.3μm 时，在椭圆纤维表面形成颗粒枝簇结构的过程[14]。文献中圆形纤维非稳态捕集的结论认为[7]：当惯性机制主导时，颗粒主要沉积在纤维的迎风面上，形成细长的结构，且形成的枝簇结构对于纤维捕集效率和系统压降不会产生明显的影响；当拦截机制主导时，颗粒主要沉积在纤维的两侧，会明显增大纤维的捕集效率和系统压降；当扩散机制主导时，颗粒由于受到随机的布朗力作用会比较均匀地沉积在纤维的各个表面，相比于另外两种机制，沉积颗粒形成的枝簇结构在空间上分布更加均匀，结果更为紧凑，有更大的分形维数。

从图 5.12 中可以看到，扩散机制主导时，在形成枝簇结构的初始阶段，颗粒相对均匀地沉积在椭圆纤维的表面，在纤维的背风面也有部分颗粒沉积，形成了一些小的团聚体。随着沉积颗粒的增多，团聚体长大形成分散的枝簇结构。而由于这些枝簇结构的形成，又会改变纤维的捕集面积和纤维周围的流场分布，更多的颗粒会沉积在椭圆纤维的迎风侧，尤其是椭圆长轴的两端。这是扩散机制主导时，圆形纤维和椭圆纤维在非稳态捕集颗粒中的不同点。从图 5.12 中不仅可以清晰地了解扩散机制主导时，颗粒椭圆纤维表面沉积形成枝簇结构的过程，也可以分辨非稳态捕集的 3 个过程，即纤维捕集阶段、过渡捕集阶段、完全枝簇捕集阶段。

图 5.12 椭圆纤维枝簇生长过程(d_p=0.3μm)

图 5.13 展示了相同入口速度时，不同粒径大小的颗粒在椭圆纤维表面形成完全枝簇结构的形态。3 种颗粒的粒径分别为 0.3μm、0.4μm、0.5μm，当颗粒为这种粒径范围时，拦截机制和惯性机制的作用都较弱，扩散机制占主导。可以看到这 3 种颗粒形成的枝簇结构都比较类似。

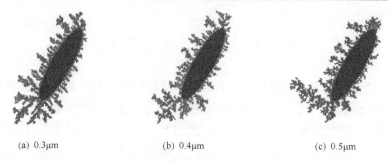

(a) 0.3μm　　　　　　　　(b) 0.4μm　　　　　　　　(c) 0.5μm

图 5.13　不同颗粒粒径构成的完全枝簇结构

有研究[15]发现，当同一种捕集机制主导时，沉积颗粒在表面形成的团聚体是类似的，并且扩散机制相对其他捕集机制有更高的分形维数。在一开始沉积颗粒形成的团聚体会不受阻碍地自由生长，后面不同纤维表面的枝簇结构会相互干扰地增长，相互啮合。不同的沉积模态会对捕集效率和系统压降产生深刻的影响，合理的设计和优化都需要对颗粒枝簇结构的生长过程和形态分布有深入和准确的理解。

5.6　本 章 小 节

本章首先模拟了不同捕集机制(扩散、拦截和惯性)主导时粘污工况的圆形纤维颗粒捕集过程，得到了颗粒轨迹、枝簇结构等详细信息。当扩散机制主导时，颗粒在纤维四周沉积形成一个相对开放的结构；当拦截机制主导时，枝簇结构有明显的分叉形成；而惯性较大的颗粒与纤维迎风面发生碰撞，在纤维前方形成了一个较为紧凑的枝簇结构(具有较稳定的分形维数和较低的孔隙率)。

然后研究了错列、并列两种纤维布置方式下颗粒沉积对捕集过程的影响。颗粒在纤维表面的沉积模态与单纤维情况下的沉积模态较为类似，尤其是位于前方的纤维。颗粒沉积形成的枝簇结构的生长使得悬浮颗粒难以穿透过滤器，导致了捕集效率和压降的升高。并且，压降的上升速率往往高于捕集效率，使得系统性能逐渐下降，尤其是在堵塞发生之后。枝簇结构的生长也使得后方纤维能够捕集的颗粒越来越少，减弱了后方纤维在捕集过程中的作用。

最后进一步模拟了扩散机制下椭圆纤维非稳态捕集颗粒过程，包括沉积颗粒在纤维表面的生长过程，以及形成颗粒枝簇的形态学分析。当扩散机制主导时，初始阶段颗粒会比较均匀地沉积在椭圆纤维表面，后面随着沉积颗粒枝簇长大，颗粒会更多地在迎风端沉积，并且长轴端沉积的颗粒相对更多。

参 考 文 献

[1] Filippova O, Hänel D. Lattice-boltzmann simulation of gas-particle flow in filters[J]. Computers & Fluids, 1997, 26(7): 697-712.

[2] Lantermann U, Hänel D. Particle monte carlo and lattice-boltzmann methods for simulations of gas-particle flows[J]. Computers & Fluids, 2007, 36(2): 407-422.

[3] Wang H, Zhao H, Guo Z, et al. Numerical simulation of particle capture process of fibrous filters using lattice boltzmann two-phase flow model[J]. Powder Technology, 2012, 227(9): 111-122.

[4] Wang H, Zhao H, Wang K, et al. Simulation of filtration process for multi-fiber filter using the lattice-boltzmann two-phase flow model[J]. Journal of Aerosol Science, 2013, 66(6): 164-178.

[5] Yu A B, Bridgwater J, Burbidge A. On the modelling of the packing of fine particles[J]. Powder Technology, 1997, 92(3): 185-194.

[6] 王浩明. 格子 Boltzmann 气固两相流模型及纤维捕集颗粒过程的数值模拟[D]. 华中科技大学, 2013.

[7] Kanaoka C, Emi H, Myojo T. Simulation of the growing process of a particle dendrite and evaluation of a single fiber collection efficiency with dust load[J]. Journal of Aerosol Science, 1980, 11(4): 377,385-383,389.

[8] Kasper G, Schollmeier S, Meyer J. Structure and density of deposits formed on filter fibers by inertial particle deposition and bounce[J]. Journal of Aerosol Science, 2010, 41(12): 1167-1182.

[9] Kasper G, Schollmeier S, Meyer J, et al. The collection efficiency of a particle-loaded single filter fiber ☆[J]. Journal of Aerosol Science, 2009, 40(12): 993-1009.

[10] Zhao Z M, Gabriel I T, Pfeffer R. Separation of airborne dust in electrostatically enhanced fibrous filters[J]. Chemical engineering communications, 1991, 108(1): 307-332.

[11] Thomas D, Penicot P, Contal P, et al. Clogging of fibrous filters by solid aerosol particles experimental and modelling study[J]. Chemical Engineering Science, 2001, 56(11): 3549-3561.

[12] Thomas D, Contal P, Renaudin V, et al. Modelling pressure drop in hepa filters during dynamic filtration[J]. Journal of Aerosol Science, 1999, 30(2): 235-246.

[13] Wongsri M, Tanthapanichakoon W, Kanaoka C, et al. Convective diffusional collection of polydisperse aerosols on a dust loaded fiber[J]. Advanced Powder Technology, 1991, 2(1): 11-23.

[14] 黄浩凯. 异形纤维捕集细颗粒物的格子 Boltzmann 数值模拟[D]. 华中科技大学, 2017.

[15] Kanaoka C, Emi H, Hiragi S, et al. Morphology of particulate agglomerates on a cylindrical fiber and collection efficiency of a dust-loaded filter[J]. In: Aerosols Formation and Reactivity (Proceedings 2nd International Aerosol Conference, Berlin 1986). Pergamon Journals Ltd.: Oxford, 1986: 674-677.

6 纤维捕集颗粒物的三维数值模拟

6.1 引　言

　　前文所述纤维过滤模拟均为二维模拟。对于规则排列的纤维，特别是对于清洁阶段，由于在纤维轴向方向的各向同性，计算代价较小的二维模拟比较合适。然而，如果纤维非规则排列(如纤维随机排列、或不完全规则排列等)，二维模拟并不合适。并且，即使对于规则排列的纤维而言，非稳态荷尘过程中纤维轴向的沉积物分布也并非各向同性，不同轴向高度上的颗粒枝簇结构存在一些差异，这些差异会影响纤维非稳态荷尘过程。因此，有必要对纤维过滤、特别是非稳态荷尘过程进行三维数值模拟。对于纤维非稳态捕集颗粒研究，模拟方法相对于实验方法有一个明显的好处，那就是，通过模拟不仅能够得到颗粒枝簇结构完全形成后的形态，还可以动态地观测该枝簇结构的形成过程，而希望通过实验，实时地得到枝簇结构的形状是相对困难的。

　　限于三维模拟较高的计算代价，本章主要针对纤维过滤器的微元进行三维数值模拟，仍然采用 LB-CA 模型。主要考虑的模拟对象包括：单圆柱纤维、单椭圆截面纤维(两者代表规则排列的纤维过滤器的过滤微元)、正交的两圆柱纤维(代表编织滤布的过滤微元)。

6.2　圆柱纤维捕集颗粒过程

　　当研究粒子在纤维上的沉降过程时，通过实验方法很难描述颗粒枝簇的瞬时形态，而模拟方法不仅可以获得颗粒枝簇的完整形貌，还可以动态观察颗粒枝簇的形成过程。根据已有的圆形纤维颗粒枝簇形态的一些研究[1,2]，当主要捕集机制是惯性碰撞时，颗粒沿着直线路径移动，沉积在纤维的迎风面上，形成细长结构。如果主要捕集机制是拦截作用时，捕集的颗粒将沉积在圆柱纤维的滞止点附近的侧面，并迅速导致垂直于流动方向的纤维横截面积增加，从而导致捕集效率显著增加并且压降变大。如果主要捕集机制是布朗扩散时，粒子会沉积在圆形纤维周围，形成了具有较高分形维数的颗粒枝簇，并且颗粒在纤维表面上均匀分布，产生分枝。

　　本书选择利用 LB-CA 三维模型来研究单分散和多分散颗粒在三维圆柱纤维

表面的沉积过程[3]。图 6.1 是三维圆柱纤维的计算域示意图，网格分辨率为 $45\times$ 45×150，并验证了相应的网格独立性。计算域中心处垂直放置一根圆柱纤维，气流从左侧进入并沿着 x 轴正方向流动。分别将入口设为等速边界（$u_0 = 0.1\text{m/s}$），出口设为具有零速度梯度的完全发展边界，其他四个面设为周期性边界。其他参数如下：网格长度 $dx = 1\mu\text{m}$，流体运动黏度 $\upsilon = 1.6\times10^{-5}\text{m}^2/\text{s}$，流体密度 $\rho_0 = 1\text{kg/m}^3$，颗粒密度与流体的比率 $\dfrac{\rho_p}{\rho_0} = 1000$，$Re$ 数为 0.125，可以近似认为是斯托克斯流。

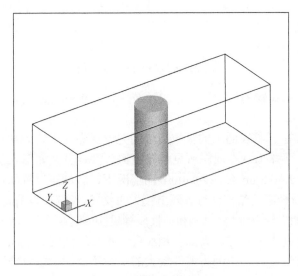

图 6.1　圆柱计算域示意图

模拟纤维的过滤过程可分为两部分：①计算流场；②流场里加入颗粒。当流场的前后两步的误差小于 10^{-5} 时，就认为流场是一个稳定状态。同时，在过滤过程中，过滤介质（即纤维和沉积在上面的颗粒）的形状不断变化，一旦颗粒沉积在纤维表面上，就会形成过滤介质的一部分，从而影响流场。因此，每沉积一个颗粒，就要重新计算流场。一般来说，每个模拟工况均重复三次以满足模拟的可重复性。

众所周知，纤维过滤过程中的机理非常复杂，不同尺度的颗粒所处的捕集机制是不同的。对于多分散颗粒，其尺度分布函数是对数正态分布或几个对数正态分布的叠加，所以，模拟时须同时考虑几种捕集机制。

纤维表面形成的颗粒枝簇的形态与此时占主导的捕集机制相关，即与颗粒大小直接相关。如图 6.2 所示，是当颗粒直径为 $0.2\mu\text{m}$、扩散机制占主导时，单分散颗粒形成的颗粒枝簇在单纤维上的生长过程。在过滤的早期阶段，颗粒在纤维表面周围均匀分布。随着捕集颗粒数量的增加，颗粒枝簇长大，导致流场分布发生变化，更多的颗粒将沉积在纤维枝簇的侧面和前面。这是因为随着枝簇越来越大，沉积物附近的局部流速增加，纤维附近的颗粒的 Pe 数增加，削弱了颗粒的扩散能力。也就是说，这些颗粒相对更难移动到纤维的背风侧，因此更多的颗粒沉积在纤维的迎风面上。

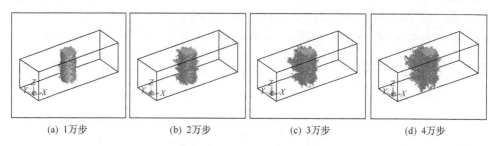

(a) 1万步　　　　　(b) 2万步　　　　　(c) 3万步　　　　　(d) 4万步

图 6.2　颗粒枝晶的形成过程

　　一般来说，小颗粒的扩散更强。当颗粒直径低于 $0.5\mu m$ 时，主要捕集机制是扩散。图 6.3 展示了不同粒径（a：$d_p = 0.2\mu m$；b：$d_p = 0.4\mu m$；c：$d_p = 1.0\mu m$；d：$d_p = 2.0\mu m$）颗粒在纤维表面上的颗粒枝簇的完整形态，上排为从左向右所见枝簇结构（迎风面），下排为从右向左所见枝簇结构（背风面）。如图 6.3（a）和（b）所示，在粒径较小（即 $d_p = 0.2\mu m$ 和 $d_p = 0.4\mu m$）的情况下，颗粒可以沉积在纤维表面的任何位置，并且颗粒枝簇的结构没有表现出较大的差异。当粒径为 $1\mu m$ 时，如图 6.3（c）所示，颗粒的布朗力较弱，拦截机制和惯性碰撞机制同时起作用。图 6.3（d）（$d_p=2\mu m$）是当惯性碰撞机制为主导时，大部分颗粒会沉积在纤维的迎风面上，产生与流动方向相反的细长结构，这是因为惯性较大的颗粒不能完全随流线运动，而是倾向于在直线路径上行进，因而大多沉积在纤维的正面上，几乎没有颗粒可以到达纤维的背面。

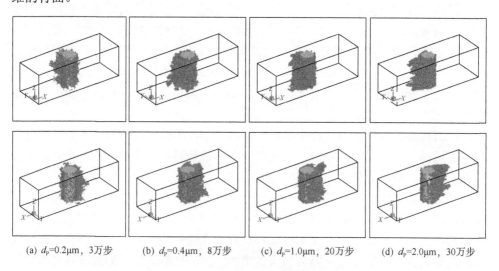

(a) d_p=0.2μm，3万步　　(b) d_p=0.4μm，8万步　　(c) d_p=1.0μm，20万步　　(d) d_p=2.0μm，30万步

图 6.3　不同粒径的颗粒枝簇的完整形貌

图 6.4 为不同粒径的颗粒（a: d_p=0.2μm；b: d_p=0.4μm；c: d_p=1.0μm；d: d_p=2.0μm）在纤维表面各方向上的数量分布。从图中可以看出，随着颗粒直径的增大，扩散机制变得越来越弱，因此拦截和惯性碰撞机制越来越重要，导致越来越多的颗粒沉积在纤维的侧面和前侧。粒径较大的颗粒将会导致沉积颗粒分布不均匀。

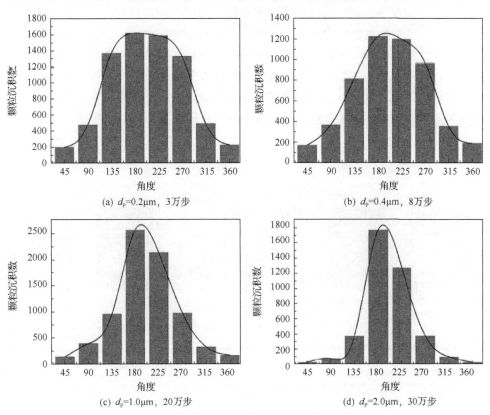

图 6.4　不同粒径的纤维表面沉积颗粒的数量分布

6.3　椭圆截面纤维捕集颗粒过程

6.3.1　颗粒沉积模态

在模拟了圆柱纤维捕集颗粒过程后，我们同样利用 LB-CA 的 D3Q15 模型来模拟椭圆截面纤维捕集颗粒过程[4]，并与同等条件下与圆柱纤维的模拟结果进行比较。本节中，网格分辨率为 128×64×64，填充密度固定为 5%。如若没有特殊说明，参数均默认为 d_f=22.8μm，d_p=0.4μm，入口流速为 0.1m/s，椭圆纤维的长短轴比为 4，方位角为 60°，其余参数和圆柱纤维模拟条件相同。

如图 6.5 所示的是颗粒直径为 0.4μm 的枝簇生长过程，其中(a)(c)(e)及(g)为背风面图像；(b)(d)(f)和(h)为迎风面图像。椭圆纤维上的颗粒枝簇生长过程主要分为 3 个阶段：纤维捕集阶段、过渡捕集阶段、完全枝簇捕集阶段。如图 6.5(a)和(b)，枝簇形成的第一阶段可以视为稳态捕集过程。在过滤初期，颗粒相对均匀地沉积在椭圆纤维表面，形成一些小团聚体，这时的颗粒是被纤维捕集而不是被枝簇捕集。随着捕集颗粒的增加，小团聚体生长成枝状(如图 6.5(c)和(d))，这一阶段是过渡捕集阶段，此时颗粒同时被纤维和颗粒枝簇捕集。如图 6.5(e)～(h)，由于纤维过滤面积的增加，颗粒枝簇的生长改变了流场的分布，导致更多的颗粒沉积在椭圆纤维的迎风面上，特别是在椭圆长轴的两端，随着颗粒枝簇的进一步生长，颗粒基本上完全被颗粒枝簇捕集，这个阶段称之为完全枝簇捕集阶段。

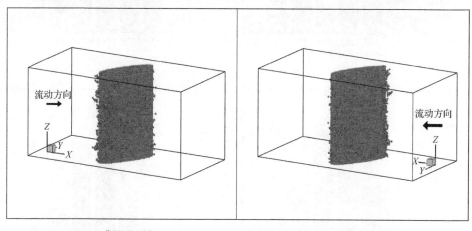

(a) 背风面2万步 (b) 迎风面2万步

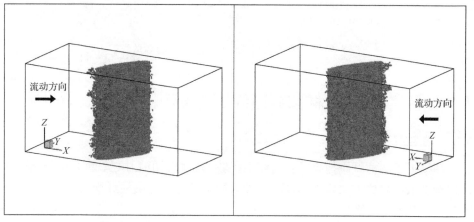

(c) 背风面4万步 (d) 迎风面4万步

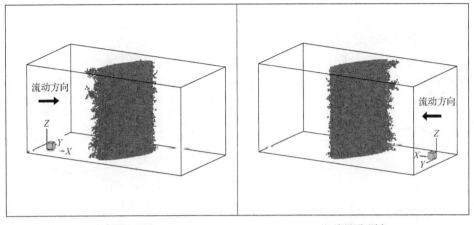

(e) 背风面6万步　　　　　　　　　　(f) 迎风面6万步

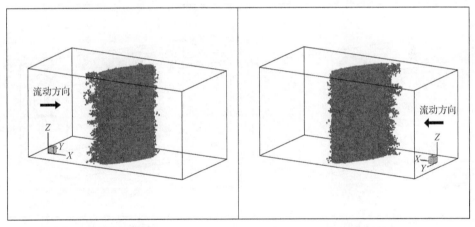

(g) 背风面8万步　　　　　　　　　　(h) 迎风面8万步

图 6.5　椭圆纤维表面颗粒枝簇的形成过程

　　为了直观进行比较，我们同时研究了圆形截面纤维表面颗粒枝簇的形成过程。如图 6.6 所示，圆形纤维的非稳态过滤过程同样也可以分为 3 个阶段：纤维捕集阶段、过渡捕集阶段、完全枝簇捕集阶段。然而，与椭圆纤维的过滤相比，还是存在一些差异。首先，圆形纤维的背风面上沉积的颗粒比椭圆形纤维背风面上更多。其次，尽管大部分颗粒沉积在圆形纤维迎风面上，但它们主要分布在两个驻点的范围内；对于椭圆纤维，颗粒集中在椭圆形长轴的两端。第三，在相同步长段内，圆形纤维比椭圆纤维捕集的颗粒更少。

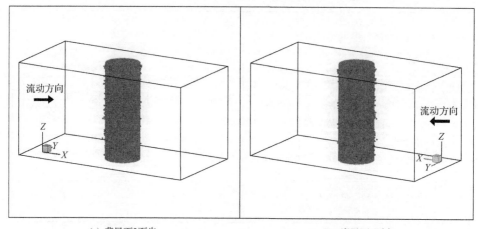

(a) 背风面2万步 (b) 迎风面2万步

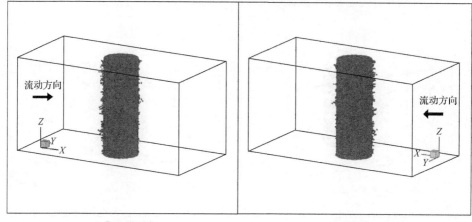

(c) 背风面4万步 (d) 迎风面4万步

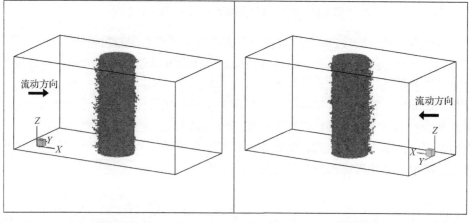

(e) 背风面6万步 (f) 迎风面6万步

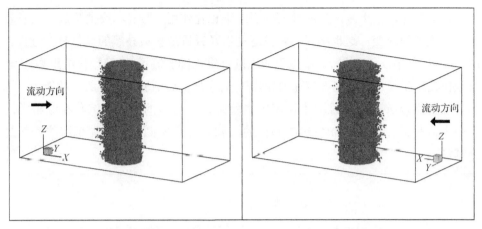

(g) 背风面8万步   (h) 迎风面8万步

图 6.6 圆形纤维表面颗粒枝簇的形成过程

如图 6.7 所示为特定高度的椭圆纤维和圆形纤维截面上的颗粒枝簇结构。基本上，对于一个指定高度的截面，颗粒枝簇在圆形纤维表面上会更均匀地分布。从图中也可以看出，纤维轴向方向上颗粒枝簇的分布并不均匀。可以观察到，颗粒枝簇可以垂直伸展到相邻的部分，导致在图中出现一些离散的颗粒或颗粒团。实际上，颗粒枝簇在 3 个维度上的生长取决于复杂的流动-颗粒-纤维相互作用，颗粒枝簇会在 z 方向上分枝，这会导致在不同切片处的枝簇结构完全不同。因此，二维模拟结果一般只是定性的，模拟三维纤维的非稳态过滤过程非常重要。

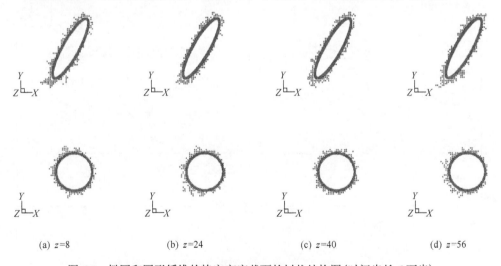

(a) $z=8$ (b) $z=24$ (c) $z=40$ (d) $z=56$

图 6.7 椭圆和圆形纤维的特定高度截面的树状结构图(时间步长 6 万步)

　　如上所述，由于复杂的流体-颗粒-纤维相互作用，颗粒树突的形成和生长将会导致流场的改变，这也将影响颗粒运动以及纤维或颗粒枝簇的捕集颗粒过程。图 6.8 展示了在 $z=32$ 的特定高度下的椭圆纤维周围的流场（以及颗粒沉积物）。随着颗粒枝簇生长，附近局部流速增加，Pe 数增加，这削弱了颗粒的扩散能力。这些颗粒更难以移动到纤维的下风侧，也就是说，更多的颗粒会沉积在纤维的迎风面上。另外，拦截机制也影响颗粒的沉积，导致椭圆长轴两端沉积的颗粒越来越多。

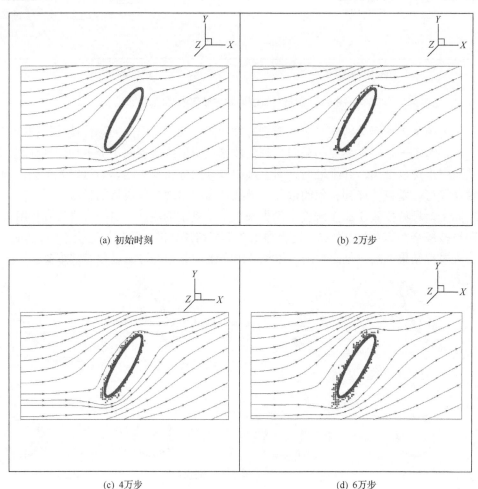

(a) 初始时刻　　　　　　　　　　　　　　(b) 2万步

(c) 4万步　　　　　　　　　　　　　　(d) 6万步

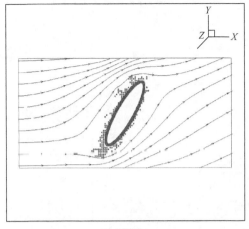

(e) 8万步

图 6.8 $z=32$ 的高度截面的颗粒枝簇结构和流场的变化

如图 6.9 所示为椭圆纤维表面不同粒径(0.3~0.5μm)的颗粒枝簇的完整形貌。可以看出，图 6.9 中的这些颗粒树突具有非常相似的结构，不同粒径的颗粒分布基本一致。Kanaoka 等[1]也得到类似结论，当主导机制相同时，纤维表面上形成的颗粒树突的形态是相似的。此外，图 6.10 显示了不同粒径的颗粒在纤维表面沉积的颗粒数量分布图，其中 N_Θ 是在特定角度范围内的沉积颗粒的数量(这里将 x 轴设置在椭圆长轴上，将 y 轴设置在椭圆短轴上)，N 是沉积颗粒的总数。从图中可以发现，随着颗粒尺寸的增加，由于拦截效果变强，会有更多的颗粒沉积在靠近入口的椭圆长轴端。

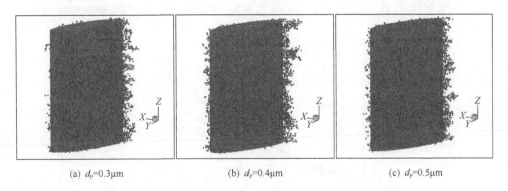

(a) d_p=0.3μm   (b) d_p=0.4μm   (c) d_p=0.5μm

图 6.9 不同大小颗粒沉积在椭圆纤维表面形成的颗粒枝簇

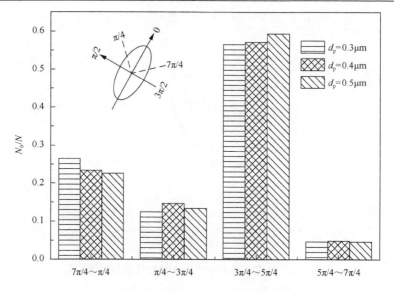

图 6.10　不同粒径的颗粒在纤维表面沉积的颗粒数量分布

6.3.2　系统压降的动态变化特性

如上节所述，在颗粒沉降过程中，纤维上的颗粒枝簇改变了过滤面积，导致压降和捕集效率的增加。纤维过滤器的合理设计和优化需要对颗粒沉降过程有很好的理解。由于在实际的纤维过滤器中，纤维的排列是随机的，所以椭圆截面的纤维面对来流的角度也是任意的，从而简化模拟步骤。在本节的研究中，我们以 60° 放置的椭圆截面纤维为研究对象。

如图 6.11 所示，是当颗粒尺度为 0.3μm、0.4μm、0.5μm 时，椭圆截面纤维标

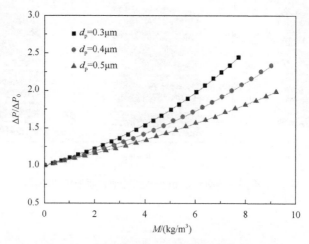

图 6.11　不同粒径下椭圆柱的压降的动态变化

准化压降的动态变化曲线。可以发现，当椭圆截面纤维捕集细小颗粒时，标准化压降随捕集颗粒质量的增大而增大，且大致呈现指数变化规律；颗粒粒径越小，标准化压降的增长速度越快。这与其他圆形纤维的非稳态过滤研究结论一致[5,6]。

如图 6.12 所示，对数压降$(\ln(\Delta P/\Delta P_0))$与沉积质量呈线性关系，也就是说，系统压降随着沉积物质量指数地增加。同时可以发现，对于较小的入口流速、椭圆纤维较小的长短轴比或较大的取向角而言，系统压降的增加率较高。因此，可通过如下公式来拟合这些数据：

$$\Delta P / \Delta P_0 = \varphi \cdot e^{M/h} + \xi \tag{6.1}$$

当纤维上没有颗粒沉积时，椭圆纤维的归一化压降为 1。因此，当 $M = 0$ 时，$\Delta P / \Delta P_0 = 1$，所以 $\varphi + \xi = 1$。该等式可以转换为

$$\frac{(\Delta P - \Delta P_0)}{\Delta P} = \varphi \cdot (e^{M/h} - 1) \tag{6.2}$$

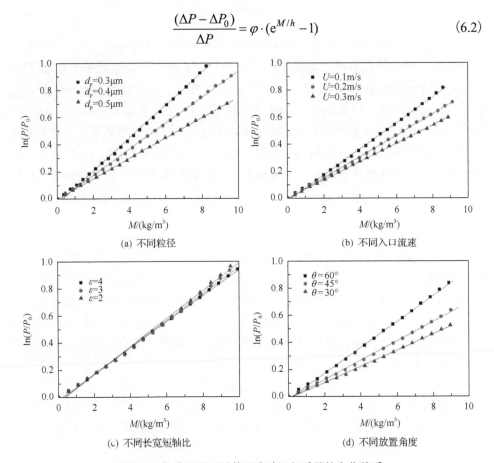

(a) 不同粒径 (b) 不同入口流速

(c) 不同长宽短轴比 (d) 不同放置角度

图 6.12　各种工况下对数压降随沉积质量的变化关系

6.3.3　捕集效率的动态变化特性

为了对椭圆纤维和圆形纤维的捕集效率进行定量比较,我们计算了捕集相同数量颗粒时纤维的绝对捕集效率,如表 6.1。其中,椭圆长短轴比 ε 为 1 表示的是圆形纤维; η_{2000} 表示的是当捕集 2000 个粒子时的捕集效率,其他类同。可以看到,当捕集同样颗粒时,椭圆纤维的绝对捕集效率通常高于圆形纤维。而且,随着椭圆纤维长短轴比的增加,捕集效率也会随之增加。

表 6.1　不同离心率的椭圆纤维的捕集效率

椭圆长短轴比 ε	η_{2000}	η_{4000}	η_{6000}
1	0.101	0.114	0.127
2	0.105	0.122	0.136
3	0.111	0.126	0.138
4	0.116	0.135	0.147

图 6.13 展示了在各种过滤条件下,椭圆纤维 (η / η_0) 的捕集效率的变化情况。对于圆形截面纤维的非稳态捕集过程,标准化效率的增长速度取决于清洁效率 η_0 的大小,而对于椭圆纤维则不同。图 6.13 所示的结果与 Hosseini 和 Tafreshi[6]的结论一致,而 Kasper 等[2]在大颗粒捕集实验中也发现了类似的结果。相对于其原始面积,过滤面积在颗粒沉积过程的增长更快。椭圆纤维的粒径、入口流速、长短轴比和放置角度都会影响线性区域的开始,椭圆纤维的归一化捕集效率可以拟合为

$$\eta / \eta_0 = \gamma + \lambda M \tag{6.3}$$

图 6.13(a)展示了不同粒径时,椭圆截面纤维标准化效率的变化规律。结果表明,随着粒径的增大,λ 值会随之增大;标准化效率随捕集颗粒质量的增大而增大,但增大的速度并不是一个恒定不变的值。在捕集颗粒开始阶段,标准化效率增加更快,后面随着不断地捕集颗粒导致速度下降,最后保持一个稳定速度地增长。文献[7]在圆形截面纤维同样发现类似的规律,原因可能是沉积在纤维表面的颗粒形成的枝簇结构会增大纤维的捕集面积导致。

图 6.13(b)展示了不同入口速度时,椭圆截面纤维标准化效率的变化规律。不同入口速度时,标准化效率同样在最后会稳定地线性增长。当扩散机制主导时,入口速度越大,Pe 数越大,清洁效率越低,此时 λ 的值也越小,标准化效率增长越慢。

图 6.13(c)展示了不同长短轴比时,椭圆截面纤维标准化效率的变化规律。对于不同长短轴比的椭圆截面纤维,和文献[8]的结论一致:ε 越大,捕集效率越大。

从表 6.1 中的数据来看，ε 增大，λ 值减小。对于椭圆截面纤维而言，当 ε 越大时，清洁工况时捕集效率越大，此时 λ 的值越小，标准化效率增长越慢。

图 6.13(d) 展示了不同长短轴比大小时，椭圆截面纤维标准化效率的变化规律。对于扩散机制主导下的椭圆截面纤维过滤过程，放置角度越大，λ 值越大。

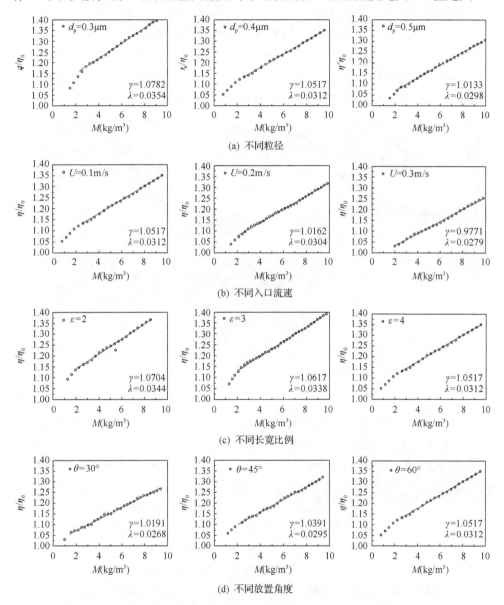

(a) 不同粒径

(b) 不同入口流速

(c) 不同长宽比例

(d) 不同放置角度

图 6.13　在各种工况下捕集效率随沉积质量的变化关系

6.4   两正交圆柱纤维多分散颗粒捕集过程

编织滤布具有工艺成熟、强度高、尺寸稳定性好且能够重复使用等特点。实际应用中的滤布的编制织法有 3 种：平纹、斜纹和缎纹(如图 6.14)。一般来说，平纹编织下的滤布其构造致密，孔隙较小，因此对颗粒的捕集效率较高，使用滤布寿命长，价格也较便宜，缺点在于此时滤布比阻大，容易发生堵塞，卸渣性能差。缎纹织布的孔隙最大，比阻小，不易堵塞，卸渣性能好，但颗粒滤布截留能力低，穿滤严重，过滤效果差。斜纹滤布的滤布各项性能居中，抗摩擦。

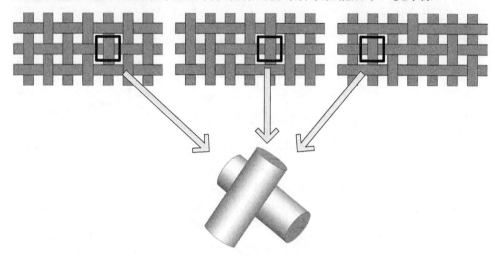

图 6.14   滤布编织方式(左：平纹；中：斜纹；右：缎纹)

无论是哪种编织方式，总是可以分离出如图 6.14 所示的微元，该微元在三维情况下可近似于两个正交的圆柱体。因此，计算区域如图 6.15 所示，两个正交圆柱放置在流场中间，颗粒从左侧进入并沿着 x 正方向流动。两个正交圆柱纤维的直径均为 20μm，其余参数的设置和选取和上述三维圆柱纤维捕集工况相同。

6.4.1   清洁工况

实际空气中的悬浮颗粒物都属于多分散性颗粒，其粒径具有一定的分布规律(一般认为满足对数正态分布)。首先考察两种粒径分布下颗粒的捕集过程(记为工况 1 和 2)，两个工况中颗粒尺度均满足对数正态分布。根据无量纲捕集参数 Pe，R 和 St 判断，其中工况 1 同时存在多种捕集机制，以拦截捕集机制为主(平均粒径在 1μm 左右)，工况 2 以扩散捕集机制为主(平均粒径在 0.35μm 左右)。相关计算条件如表 6.2 所示。

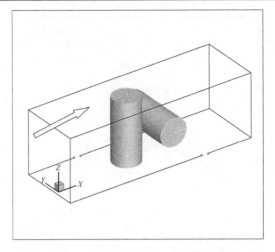

图 6.15　计算区域及纤维排列方式

表 6.2　工况 1 和 2 的多分散颗粒的特征参数

序号	N_p	d_{pg}	σ_{pg}	Pe	R	St
1	10^{16}	1	1.101	513~1030	0.035~0.07	0.0085~0.034
2	10^{16}	0.35	1.132	183~403	0.0125~0.0275	0.0011~0.0053

　　如图 6.16 所示为过滤器进出口颗粒粒径分布。从图 6.16(a)中可以看到，粒径在 1μm 左右的颗粒在经过过滤器后浓度几乎没有变化，而大于 1.1μm 和小于 0.9μm 的颗粒浓度明显降低，说明原本浓度不多的小粒径颗粒(扩散主导)和大粒径颗粒(惯性主导)能够很好地被纤维捕集。而图 6.16(b)中可见，出口处颗粒浓度大大降低，原因在于此工况内粒径分布均属于扩散较强的小颗粒，比较容易被纤维捕集。

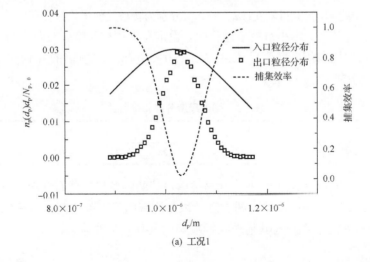

(a) 工况1

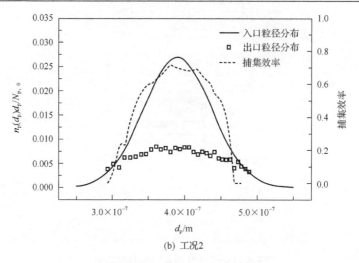

(b) 工况2

图 6.16　过滤器进出口颗粒粒径分布

　　燃烧产生的颗粒物尺度分布非常复杂，并且不同粒径尺度的颗粒其被捕集的主导机制也不同。实际工况中的颗粒尺度分布并不能用某个简单的函数来表示。在燃煤锅炉燃烧产生的烟尘中，颗粒尺度分布大致上呈现出一个三峰分布[9]：亚微米颗粒区(粒径在 0.08μm 左右)、细微颗粒区(粒径约为 2μm)以及超微区(粒径约为 5μm)。通过拟合可以发现，真实烟尘颗粒粒径的三峰分布可以由 3 个对数正态分布叠加来表示：

$$n_{\mathrm{p}}(d_{\mathrm{p}}) = \sum_{i=1}^{3} \frac{N_{\mathrm{p},i}}{\sqrt{2\pi} \ln \sigma_{\mathrm{pg},i}} \exp\left[-\frac{\ln^2(d_{\mathrm{p}} / d_{\mathrm{pg},i})}{2\ln^2 \sigma_{\mathrm{pg},i}} \right] \frac{1}{d_{\mathrm{p}}} \tag{6.4}$$

式中，$N_{\mathrm{p},i}$ 为烟尘颗粒数目浓度；$d_{\mathrm{pg},i}$ 和 $\sigma_{\mathrm{pg},i}$ 分别为颗粒几何平均粒径和标准差。表 6.3 为各参数具体数值。本小节模拟过程中，设定烟尘颗粒尺度分布范围为 $0.08\mu\mathrm{m} \leqslant d_{\mathrm{p}} \leqslant 20\mu\mathrm{m}$，且初始颗粒数目浓度 $N_{\mathrm{p},0} = 5.0 \times 10^{14}\mathrm{m}^{-3}$，颗粒的几何平均粒径为 $0.11\mu\mathrm{m}$。

表 6.3　烟尘尺度分布特征参数

参数	$N_{\mathrm{p},1}$	$d_{\mathrm{pg},1}$	$\sigma_{\mathrm{pg},1}$	$N_{\mathrm{p},2}$	$d_{\mathrm{pg},2}$	$\sigma_{\mathrm{pg},2}$	$N_{\mathrm{p},3}$	$d_{\mathrm{pg},3}$	$\sigma_{\mathrm{pg},3}$
值	5×10^{14}	0.08	1.5	1×10^{11}	2.0	2.0	1×10^{9}	10.0	1.5

　　图 6.17 为清洁工况下纤维过滤器进出口处的颗粒尺度分布情况。可见，扩散能力较强的小颗粒和惯性较大的大颗粒浓度均有明显下降，而以拦截机制为主、粒径在 1μm 左右的颗粒与其他粒径颗粒相比只有少量被捕集。

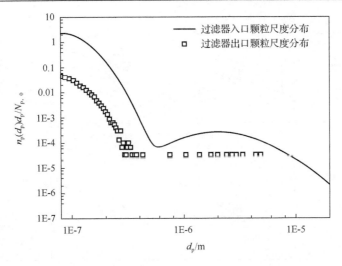

图 6.17 过滤器进出口烟尘颗粒尺度分布

6.4.2 单分散颗粒沉积模态

图 6.18 展示的是两正交圆柱纤维上几种不同粒径的单分散颗粒的枝簇生长过程。从图中可以看出，两正交纤维上的颗粒枝簇结构与单圆柱纤维上的颗粒枝簇结构相似。对于正交纤维，很少有大尺寸的颗粒沉积到纤维正后方的表面上，而且随着颗粒粒径的增大，更多的颗粒会沉积在两根正交纤维的迎风面上。

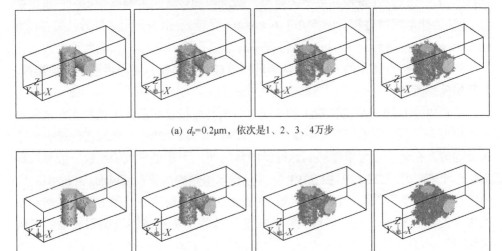

(a) d_p=0.2μm，依次是1、2、3、4万步

(b) d_p=0.4μm，依次是1、2、4、7万步

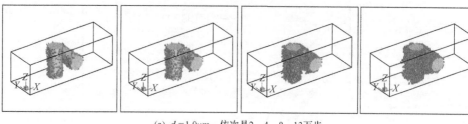

(c) d_p=1.0μm，依次是2、4、8、13万步

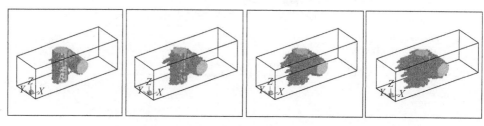

(d) d_p=2.0μm，依次是3、6、12、20万步

图 6.18　不同粒径的两正交纤维上的颗粒树枝晶的生长过程

6.4.3　多分散颗粒沉积模态

　　单分散颗粒模拟中认为一个颗粒占据一个网格点，与之不同的是，模拟多分散颗粒沉积过程需要判断沉积颗粒体积与网格点体积大小，并且，由于假设颗粒是球形的，所以存在堆积孔隙率的问题，即沉积颗粒体积占网格体积的一定比例（一般认为球形颗粒堆积孔隙率介于 0.4 到 0.6 之间）。由于采用多分散性颗粒，填充率应高于单分散颗粒，所以本节假设平均堆积孔隙率为 0.4，即当网格点内颗粒总体积达到网格点体积的 60%时，认为网格点成为固体格点而不再能够容纳颗粒，并开始反弹流体。

　　图 6.19 和 6.20 分别为工况 1 和工况 2 中两种粒径分布条件下颗粒在纤维表面的沉积模态（沉积颗粒数目约 40000）。由图可见，粒径较小的颗粒在纤维表面分布较均匀，在运动过程中能够到达纤维的背风面，而粒径较大的颗粒一般都沉积在纤维迎风面上。工况 1 中（图 6.19），大部分微米级颗粒沉积在迎风面（图 6.20(a)），而仅有少量微小颗粒沉积在背风区域（图 6.20(b)），因为这一过程主要受拦截和惯性撞击的综合影响，只有少数具有强布朗扩散的小颗粒能够流动到纤维的下风区域。

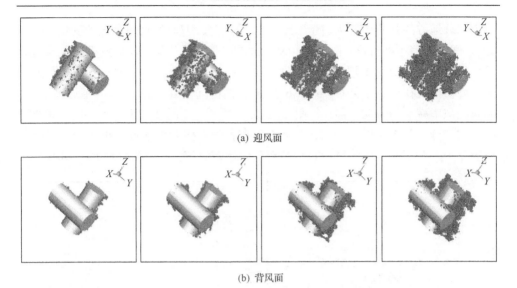

(a) 迎风面

(b) 背风面

图 6.19 工况 1 中两正交纤维上的多分散颗粒枝簇的生长过程

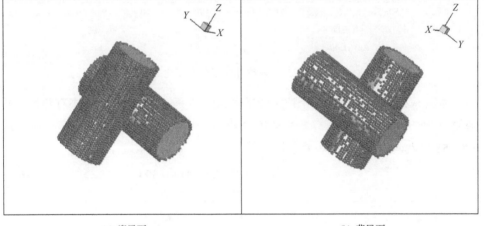

(a) 迎风面

(b) 背风面

图 6.20 工况 2 中颗粒沉积模态

如图 6.21 所示为枝簇孔隙率概率密度分布随着沉积颗粒数目的变化过程。如图 6.21(a) 所示，平均粒径在 1μm 左右(以拦截机制为主导)的颗粒，其沉积形成的枝簇的孔隙率分布呈现一个双峰结构，其中一个峰值出现在 0.4~0.5 之间，另一个峰值出现在 0.8~0.9 之间。双峰结构的产生主要原因在于，在此工况下，颗粒粒径分布范围较广，较大粒径的颗粒(大于 1μm)容易占满一个网格，另一部分粒径较小颗粒沉积处能够容纳的颗粒数目较多，因此孔隙率较大。而且，小颗粒相比大颗粒具有较强的扩散能力，容易与纤维发生接触而沉积，因此初始阶段枝簇大部分地方的孔隙率较大。随着沉积过程的进行,双峰结构逐渐开始变化,0.4~0.5 之间的峰值不断升高,而 0.8~0.9 之间的峰值不断下降。以扩散机制主导的颗粒粒径较小,需要多个颗粒才能占据一个网格点,因此其形成的枝簇结构孔隙率分布峰值出现在接近 1 处(图 6.21(b))。随着颗粒沉积数目的增大,峰值逐渐下降,向着孔隙率减小的方向发展。如图 6.21(b)中所示,工况 2 与工况 1 不同,其枝簇的孔隙率分布并未出现双峰结构,而是仅在孔隙率接近 1 的地方出现一次峰值。原因在于,在工况 2 中的颗粒粒径分布范围比较狭窄,不同颗粒粒径差别不大。

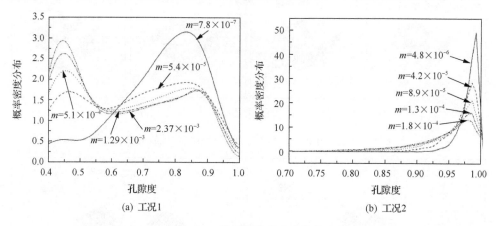

(a) 工况1　　　　　　　　　　　(b) 工况2

图 6.21　枝簇孔隙率分布变化

　　如图 6.22(a)所示,从整个枝簇的平均孔隙率变化来看,工况 1 中有几种不同捕集机制拦截同时作用,颗粒形成的枝簇的平均孔隙率变化和单位面积荷尘量(m,kg/m^2)基本满足一个指数变化关系:

$$\varepsilon = 0.197\exp(-m/3.43\mathrm{e}-4) + 0.394 \tag{6.5}$$

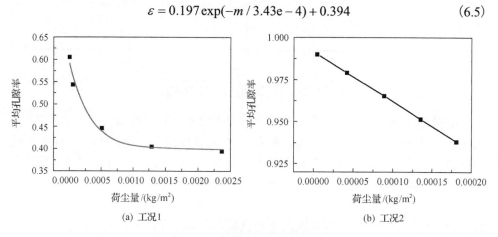

(a) 工况1　　　　　　　　　　　(b) 工况2

图 6.22　枝簇平均孔隙率变化

平均孔隙率与荷尘量的关系可能与粒径初始分布情况和沉积模态有关。如图 6.22(b)，工况 2 中只有扩散机制主导时，颗粒形成的枝簇平均孔隙率与沉积颗粒数目呈线性变化趋势，即 $\varepsilon=1.0-294.42m$，原因可能是整个捕集过程中起到主导地位的是扩散捕集机制，且颗粒粒径较小，在纤维表面的沉积模态比较均匀。

图 6.23 为三峰分布多分散颗粒在捕集过程中的沉积模态。由图中可见，小粒径颗粒在纤维可能沉积在纤维表面任一位置，而粒径较大的颗粒基本都沉积在纤维迎风面上(图 6.23(a))，纤维背风面仅有少量大粒径颗粒沉积(图 6.23(b))。从颗粒尺度分布也可以发现，整个捕集过程中起主导作用的主要是扩散机制，因此，大颗粒在纤维迎风面的沉积模态与二维情况下拦截机制主导时的沉积模态类似，并且，大颗粒沉积的地方枝簇的生长往往比其他地方更加迅速。

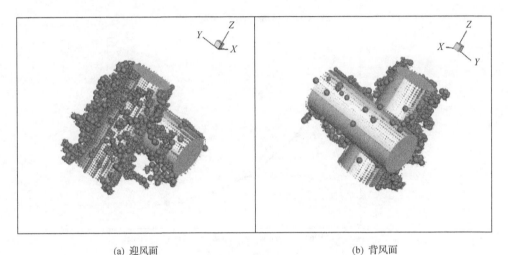

(a) 迎风面　　　　　　　　　　　　　(b) 背风面

图 6.23　三峰分布多分散颗粒沉积模态

图 6.24 为捕集过程中枝簇上各个位置孔隙率大小的分布情况。整体而言，孔隙率的分布仍然表现出一个双峰结构，一个峰值在孔隙率为 0.4 处，另一峰值在孔隙率为 0.95 附近。随着捕集过程的进行，枝簇结构朝着更加紧密的方向发展，但是孔隙率分布仍然保持着双峰结构，且两个峰值的位置基本未出现变化。图 6.25 为枝簇结构平均孔隙率与荷尘量之间的关系，通过拟合可以得到以下表达式：

$$\varepsilon = 0.394\exp(-m/0.00257) + 0.527 \tag{6.6}$$

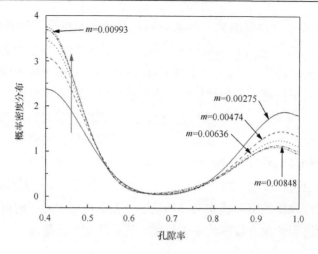

图 6.24　枝簇孔隙率分布情况

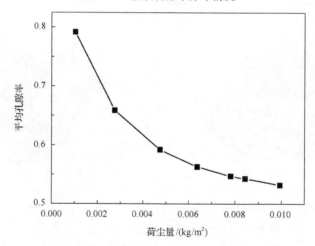

图 6.25　烟尘沉积过程中枝簇平均孔隙率变化

6.4.4　真实捕集过程压降和效率变化

图 6.26(a)为捕集过程中系统压降的变化过程。由图中可见,模拟结果和经验模型[10]得到的结果在捕集初期吻合较好,随着捕集过程的进行,纤维表面枝簇结构的成形与生长导致模拟结果与经验模型之间的差距越来越大。原因还是在于经验模型中认为颗粒在纤维表面是均匀沉积的,而事实上并不是如此(图 6.18),而且当枝簇结构开始生长之后,沉积颗粒在纤维表面分布的不均匀性逐渐增加。通过对模拟结果进行拟合可以发现,实际过程中的压降与荷尘量之间满足下列关系式:

$$\Delta P / \Delta P_0 = 0.102\exp(m/0.0042)+1 \tag{6.7}$$

　　图 6.26(b)为捕集过程中捕集效率的变化趋势。由于此处考虑的是多分散颗粒，所以图 6.26(b)给出了基于数目和基于质量的两种捕集效率。整体而言，基于质量的捕集效率要高于基于数目的捕集效率。从变化趋势来看，基于颗粒数目的捕集效率变化较为平缓，在捕集过程趋于稳定之后，该捕集效率逐渐缓慢上升，而基于质量的捕集效率在整个过程中波动较大，原因在于虽然整个过程中大颗粒的数目很少，一旦发生大颗粒的捕集或者逃逸，则会造成捕集效率的突然上升或者下降。多纤维捕集效率的计算公式中涉及单纤维的捕集效率，而目前的单纤维捕集效率公式均基于单分散颗粒，因此已有的模型不能够用于计算多分散颗粒的捕集效率，而 LB-CA 模型则能够克服这个问题。

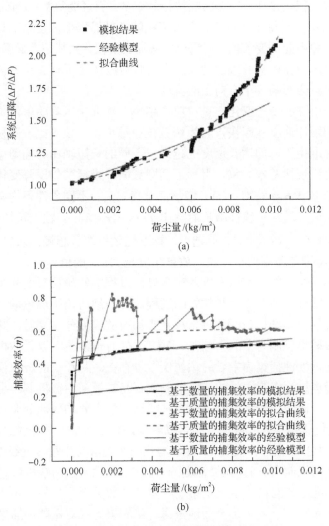

图 6.26　捕集过程中系统压降和捕集效率变化

6.5 本 章 小 结

本章把 LB-CA 二维模型扩展到三维,对典型的圆柱纤维、椭圆截面纤维和两正交圆柱纤维捕集颗粒物的过程进行三维数值模拟,并分别考虑单分散颗粒和多分散颗粒的捕集过程,分析颗粒枝簇的形貌和细节结构(如孔隙率等),并且定量研究了系统压降和捕集效率随沉积颗粒数目的变化规律。

当扩散机制主导时,初始阶段颗粒会比较均匀地沉积在椭圆截面纤维表面,后面随着沉积颗粒的枝簇结构长大,改变了流场的分布以及捕集面积,颗粒会更多地在迎风端沉积,并且长轴端的颗粒相对更多。直径为 0.3～0.5μm 的捕集颗粒相对均匀地沉积在椭圆纤维的表面上,沉积的颗粒导致形成复杂的树枝状结构,扩大过滤面积并由此改变流场。在完全枝簇捕集阶段,尤其是在椭圆长轴的两端,颗粒将大部分沉积在椭圆纤维的迎风面上。颗粒枝簇在所有 3 个方向均呈现非均匀结构,也显然会影响 3 个方向上的流场。

对于系统压降的动态变化,颗粒粒径越小,标准化压降随单位长度纤维捕集的颗粒质量的增加速度就越快,因为颗粒粒径越小,颗粒的比表面积越大;入口速度越小,标准化压降的增长速度也越快;不同的长短轴比的椭圆截面纤维的标准化压降的变化规律基本一致,得到了椭圆截面纤维标准化压降变化特性的表达式为 $(\Delta P - \Delta P_0)/\Delta P = \varphi \cdot (\mathrm{e}^{M/h} - 1)$。增长速度稳定后,不同条件下均满足标准化效率随颗粒沉积质量增加呈线性增长的规律 $\eta / \eta_0 = \gamma + \lambda M$,颗粒粒径越小,$\lambda$ 值越大;当椭圆长短轴比值大时,λ 值越小,标准化效率增长越慢;入口速度越大时,λ 值也越大,标准化效率增长越快;放置角度越大,λ 的值越大。

本章从实际滤布的真实结构以及实际过滤过程中的颗粒尺度分布出发,研究了三维情况下纤维过滤器捕集颗粒物的过程,并详细讨论了沉积颗粒形成的枝簇结构的生长过程及其结构(孔隙率)。从真实颗粒的尺度分布来看,其中绝大部分颗粒为以扩散捕集机制为主的小颗粒,而粒径在 1μm 左右、以拦截机制主导的颗粒浓度次之,以惯性捕集为主导的颗粒仅微量存在。从颗粒的沉积模态也可以看出,在真实捕集过程中起主导的捕集机制主要是扩散和拦截机制,小颗粒沉积在纤维表面各处,而粒径较大的颗粒作为枝簇结构的主要构成部分通常沉积在纤维迎风面上。从枝簇结构的孔隙率分布可以看到,扩散机制主导时(此时粒径分布范围狭窄)孔隙率分布呈现单峰分布,其平均孔隙率随着荷尘量接近线性下降;两个或两个以上不同机制主导时(粒径范围分布较广)孔隙率在两端极值附近呈现双峰分布,其平均孔隙率与荷尘量满足某个特定的指数关系。另外,相比于已有的经验模型,LB-CA 模型能够更加全面地考虑纤维布置方式对压降和捕集效率带来的影响,并且能够详细模拟粘污过程中纤维表面枝簇结构的生长过程,得到详细的枝簇结构信息。

参 考 文 献

[1] Kanaoka C, Emi H, Hiragi S, et al. Morphology of particulate agglomerates on a cylindrical fiber and collection efficiency of a dust-loaded filter[J]. In: Aerosols Formation and Reactivity (Proceedings 2nd International Aerosol Conference, Berlin 1986). Pergamon Journals Ltd.: Oxford, 1986: 674-677.

[2] Kasper G, Schollmeier S, Meyer J, et al. The collection efficiency of a particle-loaded single filter fiber[J]. Journal of Aerosol Science, 2009, 40(12). 993-1009.

[3] Wang K, Wang H, Zhao H, et al. Three-dimensional simulation of the filtration process of polydisperse particulate matter by fibrous filter[J]. Special Publication- Royal Society of Chemistry, 2014.

[4] Huang H, Zheng C, Zhao H. Numerical investigation on non-steady-state filtration of elliptical fibers for submicron particles in the "greenfield gap" range[J]. Journal of Aerosol Science, 2017, 114.

[5] Thomas D, Contal P, Renaudin V, et al. Modelling pressure drop in hepa filters during dynamic filtration[J]. Journal of Aerosol Science, 1999, 30(2): 235-246.

[6] Hosseini S A, Tafreshi H V. Modeling particle-loaded single fiber efficiency and fiber drag using ansys–fluent CFD code[J]. Computers & Fluids, 2012, 66(66): 157-166.

[7] Wang H, Zhao H, Wang K, et al. Simulation of filtration process for multi-fiber filter using the lattice-boltzmann two-phase flow model[J]. Journal of Aerosol Science, 2013, 66(6): 164-178.

[8] Song C B, Park H S. Analytic solutions for filtration of polydisperse aerosols in fibrous filter[J]. Powder Technology, 2006, 170(2): 64-70.

[9] 赵海波，郑楚光. 静电增强湿式除尘器捕集可吸入颗粒物的定量描述[J]. 燃烧科学与技术，2007，13(2): 119-125.

[10] Zhao Z M, Gabriel I T, Pfeffer R. Separation of airborne dust in electrostatically enhanced fibrous filters[J]. Chemical Engineering Communications, 1991, 108(1): 307-332.

7 驻极体纤维静电增强捕集细颗粒物数值模拟

7.1 引　言

由绪论中对静电增强纤维捕集技术的综述可知，静电作用对于纤维过滤器捕集颗粒物有明显的促进作用，尤其是对于其他除尘设备难以捕集的细颗粒物。在本书的第5、6章中，已经介绍了异形纤维(尤其是椭圆纤维)捕集细颗粒的过程和性能。虽然异形纤维构成的纤维过滤器能够在一定程度上提高对细颗粒物的扩散捕集效率，但是提高的幅度有限。在某些特定的场合(例如半导体行业中)，对细颗粒物的捕集效率有非常严格的要求，采用异形纤维构成的过滤器仍然不能满足要求，而静电增强纤维捕集技术，在这种情况下就可以很好地达到用户的要求。在不同的静电增强纤维捕集技术中，驻极体纤维捕集是目前研究最多，也是最有发展前景的一种。

在本章中，利用格子 Boltzmann-元胞自动机概率(LB-CA)模型，对单极性的驻极体纤维捕集带电细颗粒物的清洁捕集效率进行了研究，重点分析了不同工况下椭圆驻极体纤维捕集效率变化规律。当颗粒荷电且纤维为驻极体纤维时，颗粒所受的静电力包括库伦力、极化力和镜像力。库仑力是指两个带电体之间相互吸引或排斥的力。极化力是由于带电纤维周围的非均匀电场对颗粒的有极化作用，使颗粒中生成诱导偶极子，从而使驻极体纤维对颗粒产生一个吸引的极化力。在驻极体纤维周围，不管颗粒是否带电都会受到极化力，极化力的大小与颗粒体积有关，在本章中由于模拟的颗粒粒径很小，极化力可以忽略不计。当带电颗粒靠近纤维时，会产生镜像力。它的产生原理是带电颗粒周围会产生不均匀电场，从而使纤维的电荷分布发生改变，使带电颗粒和纤维之间产生一个相互吸引的镜像力。镜像力的大小和颗粒所带的电荷量有关，在本章中由于颗粒所带的电荷量很少，同样可以忽略镜像力的作用。在 LB-CA 模拟中，颗粒所受力考虑曳力、布朗力和库仑力。本章中设置的计算区域、网格划分与 3.2 节相同。

7.2　驻极体纤维周围电势分布模拟

7.2.1　格子 Boltzmann 方法求解电势分布

为了计算带电颗粒所受的电场力，需要得到驻极体纤维周围的电场强度的分布。通常采用电势分布来分析电场。电势表示的是电场中某一位置的单位电荷的电势能。电势是一个标量，只有大小，没有方向。而且电势的数值没有绝对意义，只有相对意义。电场强度 E 和电势分布的关系式为

$$E = -\nabla \psi \tag{7.1}$$

驻极体纤维周围的电势分布可以用一个泊松方程表示：

$$\nabla^2 \psi = -\rho_e / \kappa \tag{7.2}$$

式(7.1)~式(7.2)中，ψ 为电势；ρ_e 为自由电荷密度；κ 为流体介质的介电系数。由于颗粒所带电量很小，所以可以忽略带电颗粒对电场分布的影响。则驻极体周围的电势分布可以简化为用拉普拉斯方程表示：

$$\nabla^2 \psi = 0 \tag{7.3}$$

本书利用 Oulaid 等介绍的格子 Boltzmann 方法求解驻极体纤维周围的电势分布[1]。首先引入一个新的分布函数，该分布函数的演化可以用以下的格子 Boltzmann 方程描述：

$$f_{q,i}(x + c_{q,i}\Delta t, t + \Delta t) - f_{q,i}(x,t) = -\frac{1}{\tau_q}\Big[f_{q,i}(x,t) - f_{q,i}^{\text{eq}}(x,t) \Big] \tag{7.4}$$

式中，Δx 为格子长度；Δt 为时间步长；τ_q 为松弛因子，加入下标 q，是为了与流场分布函数的演化方程做区分，在本章的模拟中设为 1；$c_{q,i}$ 为离散速度。

电势的值可以由分布函数计算得到

$$\psi = \sum_i f_{q,i} \tag{7.5}$$

平衡态分布函数的取值与当地的电势值相关：

$$f_{q,i}^{\text{eq}} = \omega_{q,i}\psi \tag{7.6}$$

式中，$\omega_{q,i}$ 为权系数。

7.2.2 驻极体纤维周围的电势分布

当利用上述的格子 Boltzmann 方法模拟驻极体纤维周围电势分布时，还需要知道纤维表面以及计算区域边界处的电势值，即边界条件。根据边界条件的不同，电势分布的边界条件一般可以分为 3 类：①第一类边界条件，也称为狄利克雷边界：已知边界处各个点的电势值函数，即每个边界坐标都可以计算出相应的电势

大小。②第二类边界条件，也称为诺依曼边界：已知边界处各个点的电势的法向导数值。③第三类边界条件，也称为罗宾边界：已知边界处各个点的电势和电势的法向导数的线性组的值。

　　本章的模拟仅考虑单驻极体纤维周围的电势分布，以及单纤维的捕集效率。可以把圆形单极性驻极体纤维看做是无限长表面带电的圆柱体，纤维表面的电势值相同，因此我们把驻极体纤维表面和计算区域边界都设为第一类边界条件。圆形驻极体表面的电势设为零电势，计算区域边界处的电势值的函数为

$$\psi_B = -\frac{\lambda}{2\pi\kappa_0} \ln \frac{r}{R_f} \tag{7.7}$$

式中，ψ_B 为边界处电势值；λ 为单位长度的驻极体纤维带电量；κ_0 为真空介电常数，$\kappa_0 = 8.85 \times 10^{-12} C^2/N \cdot m^2$；$R_f$ 为纤维半径；r 为边界点与纤维中心的距离。

　　用格子 Boltzmann 方法求得的圆形驻极体纤维周围的电势分布如图 7.1 所示，纤维带正电荷，图中的曲线代表等势面。

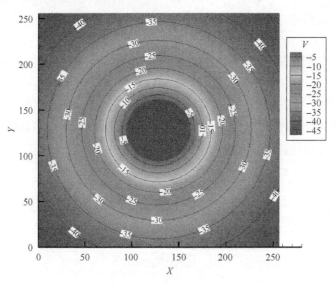

图 7.1　圆形驻极体周围电势分布

　　对于圆形驻极体纤维而言，也可以用式(7.7)直接求解纤维周围的每一点的电势分布。我们把用格子 Boltzmann 方法求得的电势分布与理论解求得的电势分布进行比较，发现两种方法求得的电势分布完全相同。这也证明了用格子 Boltzmann 方法求得的电势分布的准确性。格子 Boltzmann 方法的优势在于：当边界条件比较复杂且没有理论公式可用来直接计算边界处电势值时，可以设定边界处电势值的近似值，从而计算驻极体周围的电势分布。例如要计算多排纤维情况时，用理

论公式去求解非常麻烦，但若能合理地假设边界处和纤维处的电势，就可以简单地用格子 Boltzmann 方法去近似地求解纤维周围的电势分布，而且，它所用的网格精度与边界格式都可以与模拟流体分布时相同，十分方便[2]。

模拟椭圆驻极体纤维表面的电势分布时，采用类似的方法。把椭圆驻极体纤维表面和计算区域边界均设为第一类边界条件。先假设椭圆纤维的表达式为

$$\frac{x^2}{a^2} + \frac{y^2}{b^2} = 1 \tag{7.8}$$

林焰清和陈钢[3]的研究结果表明，椭圆驻极体周围等势面为与该椭圆同轴共焦点的椭圆族，边界上任意一点 B(x,y)，它所在的等势面的椭圆方程可以表示为

$$\frac{x^2}{a^2 + \xi} + \frac{y^2}{b^2 + \xi} = 1 \tag{7.9}$$

把椭圆驻极体表面的电势设为零电势，计算区域边界处的电势值的函数为

$$\psi_B = -\frac{\lambda}{2\pi\kappa_0} \ln\left[\frac{\sqrt{a^2 + \xi} + \sqrt{b^2 + \xi}}{c}\right] + \frac{\lambda}{2\pi\kappa_0} \ln\frac{a+b}{c} \tag{7.10}$$

所以，当知道计算区域边界处的坐标时，先计算所在等势面椭圆方程的 ξ 值，然后代入式 (7.10) 就可以得到边界处的电势值。用格子 Boltzmann 方法求得的椭圆驻极体纤维周围的电势分布如图 7.2 所示，图中的曲线代表等势面，可以发现等势面的形状确实为同焦共轴的椭圆族，与文献结果一致。

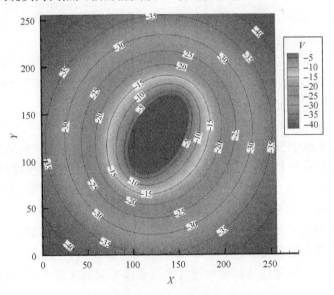

图 7.2　椭圆驻极体周围电势分布

7.3　清洁工况下驻极体纤维的捕集效率

7.3.1　圆形驻极体纤维清洁捕集效率

得到驻极体纤维周围的电势分布时，就可以使用式(7.1)来计算驻极体纤维周围的电场分布。知道了各个点的电场强度，就可以计算带电颗粒所受的库仑力的值。为了验证 LB-CA 模型模拟驻极体纤维捕集颗粒效率的准确性，我们先对圆形驻极体纤维捕集带电颗粒的清洁效率进行了模拟。当库仑力占主导时，单纤维的清洁捕集效率是由库伦系数大小决定的，库伦系数(N_{Qq})的表达式为

$$N_{Qq} = \frac{\lambda q}{3\pi^2 \kappa_0 \mu d_\rho d_f U}　　　　　　　　(7.11)$$

式中，q 表示颗粒带电量。Brown[4]提出了库仑力作用时的捕集效率的理论公式为

$$\eta_E = \pi N_{Qq}　　　　　　　　(7.12)$$

Lathrache 等[5]认为库仑力主导时的清洁捕集效率与纤维体积分数也相关，他们提出的理论公式为

$$\eta_E = \frac{\pi N_{Qq}}{1 + \alpha \sqrt{N_{Qq}}}　　　　　　　　(7.13)$$

一般而言，纤维的体积分数都较小(<5%)。当库伦系数 N_{Qq} 小于 1 时，式(7.12)和(7.13)计算得到的捕集效率几乎相同。

对于圆形驻极体纤维捕集带电颗粒，纤维带电量 1.44nA·S/m。捕集的带电颗粒为 NaCl 颗粒，颗粒粒径为 0.3μm，改变颗粒带电量来改变库伦系数，流场入口速度设为 0.1m/s，模拟结果如图 7.3 所示。

从图 7.3 可知，捕集效率随颗粒所带电荷量的增大而增大，且与带电量的大小成正比，这与文献中公式的规律[4,5]一致。模拟得到的清洁捕集效率略大于式(7.12)和式(7.13)的理论计算值，这是由于在理论公式中，没有考虑机械捕集机制的作用。当颗粒粒径为 0.3μm 时，颗粒捕集还会受到布朗扩散和拦截机制作用，虽然这两种机制相比于库仑力而言，影响较小，但依然会导致驻极体清洁捕集效率理论值偏小。当库伦作用越大时，即 N_{Qq} 越大，模拟值和理论计算值误差越小，因为此时其他作用力的影响减小。从图 7.3 中看出，模拟值和理论值差别不大，而且变化规律一致，可以采用该模型用来计算驻极体纤维捕集带电颗粒的捕集效率。

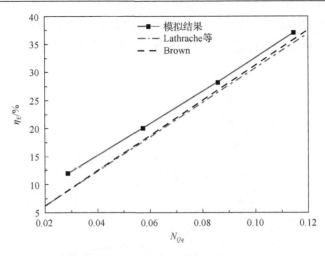

图 7.3　圆形驻极体纤维清洁捕集效率

7.3.2　椭圆驻极体纤维清洁捕集效率

对于椭圆驻极体纤维的清洁捕集效率，我们分别考虑了颗粒参数(颗粒粒径、颗粒带电量)、流体参数(入口速度)和纤维参数(纤维带电量和长短轴比)的影响。椭圆纤维的当量直径设为 64μm，捕集的带电颗粒为 NaCl 颗粒。

首先分析颗粒粒径对椭圆驻极体纤维清洁捕集效率的影响，如图 7.4 所示。此时加入了常规圆形纤维和椭圆纤维的清洁捕集效率作为对比[6,7]。从图中可以看出，在库仑力作用下，椭圆驻极体纤维的捕集效率明显大于常规圆形纤维和椭圆纤维的捕集效率。当纤维表面电场分布确定(设定纤维带电量为 1.44nA·S/m)，且给定颗粒带电量为 2 个单位负电荷，$q=-3.2\times10^{-19}$C，流体入口速度为 0.1m/s 时，随着颗粒粒径增大，椭圆驻极体纤维的捕集效率先增大后减小。当纤维和颗粒都带电时，颗粒主要受到的是库仑力的作用，同时由于颗粒粒径较小，布朗力的作用也不能忽略，另外颗粒还受到流体曳力作用。分析捕集效率时，需要考虑这几种作用力的竞争机制和协同机制的共同作用。图 7.5 表示的是在给定工况下时，通过量纲分析得到的椭圆纤维所受的 3 个力的相对大小。当颗粒粒径在 0.2μm 左右时，捕集效率最大。当库仑力越大时，纤维的捕集效率会增大，而流体曳力增大时，会降低纤维的捕集效率。如图 7.5 所示，颗粒粒径为 0.2μm 时，纤维所受的流体曳力和库仑力大小相近，两者的作用相互抵消，因此此时椭圆驻极体纤维的捕集效率最大。当颗粒粒径大于 0.2μm 时，随着颗粒增大，单位质量颗粒所受库仑力减小，且布朗力也随颗粒粒径增大而减小，流体曳力绝对值下降，但是所占比例增大，因此捕集效率下降。当颗粒粒径小于 0.2μm，随着颗粒粒径减小，单位质量颗粒所受布朗力和库仑力均增大，相对而言库仑力增加更快。布朗力是一种随机的力，当颗粒的捕集机制为库伦力主导时，布朗力的增大反而会减小纤维的捕集效率，因此当颗粒粒径小于 0.2μm 时，清洁捕集效率反而会有小幅的下降。

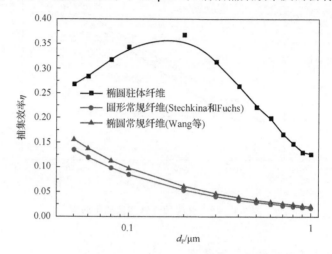

图 7.4　椭圆驻极体纤维清洁捕集效率与粒径的关系

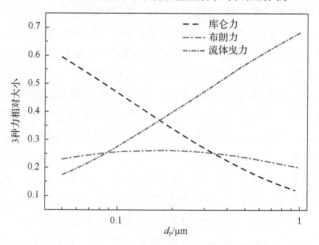

图 7.5　椭圆纤维所受力的量纲分析

如图 7.6 和图 7.7 所示，分别给出了不同颗粒带电量和不同纤维带电量时，椭圆驻极体纤维的清洁捕集效率变化规律，此时流体入口速度为 0.1m/s。从图 7.6 中可以看出，当颗粒带电量从 1 个单位负电荷变大到 4 个单位负电荷时，捕集效率相应增大，且与颗粒带电量的大小几乎成正比关系，在不同粒径大小时均满足这一规律，此时纤维带电量为 1.44nA·S/m。这个模拟结果与文献上[4]的结果保持一致。如图 7.7 所示，当纤维带电量增大时，捕集效率相应增大，此时颗粒带 3 个单位负电荷。捕集效率与纤维带电量的大小同样几乎成正比关系。库仑力的大小是电场强度与颗粒带电量的乘积，而电场强度与纤维带电量成正比，所以纤维带电量或颗粒带电量的大小变化作用对捕集效率的影响是一样的。这与库伦系数的表达式(7.11)中颗粒带电量和纤维带电量的所示规律相同。

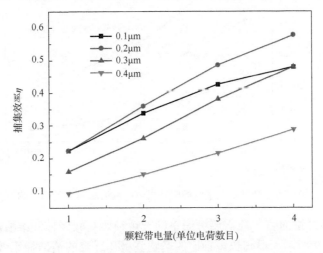

图 7.6　颗粒带电量对椭圆驻极体纤维清洁捕集效率影响

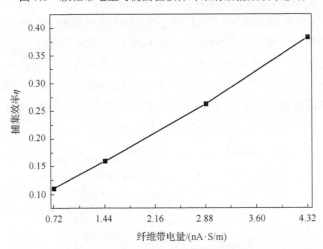

图 7.7　纤维带电量对椭圆驻极体纤维清洁捕集效率影响

　　图 7.8 展示了不同入口流体速度时椭圆驻极体纤维清洁捕集效率的变化规律，此时控制颗粒粒径为 0.4μm。当流体的入口速度增大时，椭圆驻极体纤维的清洁捕集效率不断下降。这是因为，当入口速度增大时，布朗力和库仑力的作用相对于流体曳力而言均减小，从而导致捕集效率下降。从计算库伦系数的式(7.11)上也可以看出，驻极体纤维的捕集效率会随入口速度增大而减小。

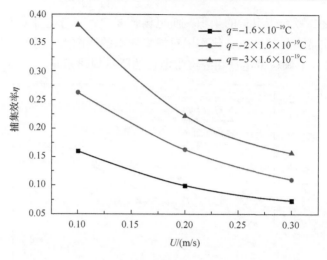

图 7.8　纤维带电量对椭圆驻极体纤维清洁捕集效率影响

　　对于椭圆纤维而言，还需要考虑不同长短轴比对驻极体纤维清洁捕集效率的影响。如图 7.9 所示，不同长短轴比的椭圆驻极体纤维的清洁捕集效率几乎不变。虽然，不同的长短轴比会改变纤维的比表面积大小，但是，当纤维的体积分数带电量相同时，纤维周围的电势分布差别不大(如图 7.8 和图 7.9 所示)，周围的电场强度分布也类似。因此，当颗粒带电量相同时，颗粒在不同长短轴比纤维周围所受的库仑力相差不大，而且本章所模拟的工况为库仑力主导时的纤维捕集效率，所以不同椭圆长短轴比时，驻极体纤维清洁捕集效率基本相同，当采用驻极体纤维捕集时，异形纤维对细颗粒物捕集效率的增加相比于圆形纤维并不明显。综上所述，驻极体纤维过滤器可以采用传统的圆形纤维。

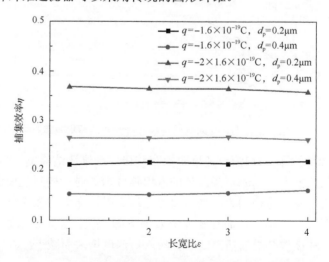

图 7.9　椭圆长短轴比对驻极体纤维清洁捕集效率影响

7.4 本 章 小 结

本章用格子 Boltzmann 方法模拟了圆形和椭圆驻极体纤维周围的电势分布，再利用 LB-CA 模型模拟了驻极体纤维捕集带电细颗粒物的捕集效率（清洁荷尘工况）。首先用圆形驻极体纤维的清洁捕集效率验证了模型的准确性，然后模拟了不同工况下，椭圆驻极体纤维捕集带电细颗粒效率的变化规律，发现椭圆驻极体纤维的捕集效率是由流体曳力、库伦力和布朗力共同作用决定的。当颗粒粒径增大时（0.05～1μm），椭圆驻极体纤维的清洁捕集效率先增大后减小，颗粒粒径为 0.2μm 时，捕集效率最大。椭圆驻极体纤维的清洁捕集效率与纤维和颗粒带电量都成正比关系，并且，因为库仑力的大小是电场强度与颗粒带电量的乘积，所以纤维带电量或颗粒带电量的大小变化作用对捕集效率影响相同。当流体的入口速度增大时，椭圆驻极体纤维的清洁捕集效率不断下降，不同椭圆长短轴比时，驻极体纤维清洁捕集效率基本相同。

参 考 文 献

[1] Oulaid O, Chen Q, Zhang J. Accurate boundary treatments for lattice boltzmann simulations of electric fields and electro-kinetic applications[J]. Journal of Physics A Mathematical & Theoretical, 2013, 46(47): 475501.

[2] Lantermann U, Hänel D. Particle monte carlo and lattice-boltzmann methods for simulations of gas-particle flows[J]. Computers & Fluids, 2007, 36(2): 407-422.

[3] 林焰清, 陈钢. 无限长直椭圆柱(或柱壳)形带电导体外的电场分布[J]. 物理与工程, 2010, 20(5): 58-59.

[4] Brown R C. Air filtration: an integrated approach to the theory and applications of fibrous filters[J]. Pergamon press New York, 1993.

[5] Lathrache R, Fissan H J, Neumann S. Deposition of submicron particles on electrically charged fibers[J]. Journal of Aerosol Science, 1986, 17(3): 446-449.

[6] Stechkina I B, Fuchs N A. Studies on fibrous aerosol filters-I. calculation of diffusional deposition of aerosols in fibrous filters[J]. The Annals of Occupational Hygiene, 1966, 9(2): 59-64.

[7] Wang H, Zhao H, Wang K, et al. Simulating and modeling particulate removal processes by elliptical fibers[J]. Aerosol Science & Technology, 2014, 48(2): 207-218.

8　静电布袋混合除尘器整体捕集性能的宏观数值模拟

传统的静电除尘器(ESP)和布袋除尘器在燃煤电厂均得到了广泛应用，布袋除尘器对于亚微米颗粒的除尘效率还略高于静电除尘器[1-3]，但是单独的静电除尘器或布袋除尘器仍然无法满足日益严格的 PM 排放要求。诸多燃煤电厂[4]对已有静电除尘器进行改造，以适合机组负荷和环境排放要求，但改造成本较大，而将静电除尘器与布袋除尘器串联或并联起来，有望达到更高的可吸入颗粒物脱除效果。

本章对静电除尘器与布袋除尘器串联起来的混合除尘器(类似于紧凑型混合颗粒收集器或合成式紧凑型混合颗粒收集器[5])进行研究。这种混合除尘器不需要对目前电厂已有的静电除尘器或布袋除尘器进行较大的改造，只需要在已有的静电除尘器之后串联一个传统布袋除尘器，或在已有的布袋除尘器之前添加一个传统的静电除尘器。静电除尘器负责脱除绝大部分烟尘颗粒，ESP 出口排放的烟气中烟尘颗粒尺度主要为 0.1~1μm，带相同类型的电荷，这些荷电颗粒将使得布袋纤维感应荷电，面对荷电颗粒的一端将带上与颗粒所带电荷相反的电荷，荷电颗粒与感应荷电纤维在镜像力的作用下相互吸引，有利于增强布袋除尘器的除尘效率。荷电颗粒沉积在布袋纤维之后，与纤维间发生电中和而导致颗粒之间的凝并现象，从而在滤袋表面形成更多空隙和更开放结构的颗粒层，导致布袋除尘器非稳态除尘过程的压降减小，表面清灰效率更高、能耗更低，过滤速度增加。

8.1　静电纤维混合除尘器的数学模型

本章考虑的静电布袋混合除尘器的结构如图 8.1 所示。静电除尘器捕集烟尘颗粒的数学模型参照文献[6,7]相关内容，对于装备在火电厂的大型静电除尘器，Kim[8]等发展的模型往往高估了 ESP 的分级除尘效率，这里采用修正的德意希分级公式[4]。本节重点讨论布袋除尘器捕集亚微米颗粒的数学模型。

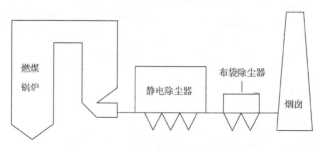

图 8.1　静电布袋混合除尘器结构图

　　这里主要考虑如下传统布袋除尘器捕集机制：①布朗扩散；②拦截；③惯性碰撞；④重力沉积。小尺度颗粒在气体分子的无序撞击下，偏离流体轨道而与布袋纤维发生碰撞而被捕集，任何尺度的颗粒均可能因为纤维的直接拦截作用而被捕集，大尺度颗粒由于自身惯性作用，颗粒轨道与流体轨道产生滑移，颗粒甩离流体轨道而与纤维碰撞，当过滤速度较低时，大尺度颗粒由于重力作用也可能沉积在纤维上。当颗粒荷电或布袋纤维荷电、或布袋纤维和颗粒同时荷相反电荷时，在镜像力或库仑力的作用下布袋除尘器的除尘效率将明显提高，这归结为静电吸引机理的影响。

　　清洁布袋除尘器运行的初始阶段或含尘浓度较低时，布袋除尘器的除尘过程可视为稳态过程。此时布袋除尘器对尺度为 d_p 的颗粒的除尘效率为

$$\eta_C = 1 - \exp\left(-\frac{4\alpha_f \eta_s h}{\pi(1-\alpha_f)d_f}\right) \tag{8.1}$$

式中，η_s 为单纤维除尘效率；α_f 为纤维填充密度；d_f 为纤维直径；h 为布袋厚度。考虑布朗扩散、拦截、惯性碰撞、重力沉积和静电吸引机制的单纤维除尘效率的数学模型如下：

$$\begin{aligned}
\eta_s &= \gamma\left[1 - (1-\eta_{Diff})(1-\eta_{Inte})(1-\eta_{Impa})(1-\eta_{Grav})(1-\eta_{Elc})\right] \\
&\approx \gamma(\eta_{Diff} + \eta_{Inte} + \eta_{Impa} + \eta_{Grav} + \eta_{Elc})
\end{aligned} \tag{8.2}$$

式中，η_{Diff}、η_{Inte}、η_{Impa}、η_{Grav} 和 η_{Elc} 分别为布朗扩散、拦截、惯性碰撞、重力沉积和静电吸引机制独立作用时的单纤维除尘效率；γ 为黏结效率，即考虑颗粒反弹等现象对于除尘效率的影响而导致颗粒与纤维碰撞但无法被捕集的现象。它们的数学模型分别如下。

　　布朗扩散和拦截机制[9,10]：

$$\begin{aligned}
&\eta_D = 1.6\left(\frac{1-\alpha_f}{Ku}\right)^{1/3} Pe^{-2/3} C_1 C_2 \\
&\eta_R = 0.6\left[\frac{1-\alpha_f}{Ku}\left(\frac{I^2}{1+I}\right)\right]\left(1+1.996\frac{Kn}{I}\right) \\
&Ku = -0.5\ln\alpha_f - 0.75 + \alpha_f - 0.25\alpha_f^2 \\
&Pe = \frac{d_f U_g}{D_{Diff}}; D_{Diff} = \frac{k_B T C_c}{3\pi\mu_g d_p}; C_c = 1 + 2.493\frac{\lambda}{d_p} + 0.84\frac{\lambda}{d_p}\exp\left(-0.435\frac{d_p}{\lambda}\right) \\
&C_1 = 1 + 0.388 Kn_f\left[(1-\alpha_f)Pe/Ku\right]^{1/3}; Kn_f = 2\lambda/d_f \\
&C_2 = 1\Big/\left\{1 + 1.6\left[(1-\alpha_f)/Ku\right]^{1/3} Pe^{-2/3} C_1\right\} \\
&I = d_p/d_f
\end{aligned} \tag{8.3}$$

惯性碰撞机制[11]:

$$\eta_{\mathrm{I}} = \frac{St_k^3}{St_k^3 + 0.77St_k^2 + 0.22}$$

$$St_k = \frac{\rho_{\mathrm{p}} d_{\mathrm{p}}^2 U_{\mathrm{g}} C_{\mathrm{c}}}{18\mu_{\mathrm{g}} d_{\mathrm{f}}}$$

(8.4)

重力沉积机制[12]:

$$\eta_{\mathrm{G}} = \frac{d_{\mathrm{f}} g}{U_{\mathrm{g}}^2} St_k = \frac{\rho_{\mathrm{p}} d_{\mathrm{p}}^2 g C_{\mathrm{c}}}{18\mu_{\mathrm{g}} U_{\mathrm{g}}^2}$$

(8.5)

静电吸引机制[13,14]:

$$\eta_{\mathrm{E}} = \frac{3\pi\left(1-\alpha_{\mathrm{f}}\right)}{400\alpha_{\mathrm{f}}} K_{\mathrm{ex}}$$

$$K_{ex} = \frac{\omega_{\mathrm{p}}}{U_{\mathrm{g}}}; \omega_{\mathrm{p}} = \frac{q_{\mathrm{p}} E_{\mathrm{c}} C_{\mathrm{c}}}{3\pi\mu d_{\mathrm{p}}}; q_{\mathrm{p}} = \pi\varepsilon_0 E_{\mathrm{c}} d_{\mathrm{p}}^2 \left[\left(1+\frac{2\lambda_i}{d_{\mathrm{p}}}\right)^2 + \frac{2}{1+2\lambda_i/d_{\mathrm{p}}}\frac{\varepsilon_{\mathrm{p}}-1}{\varepsilon_{\mathrm{p}}+2}\right]$$

(8.6)

黏结效率 γ_k 为[15]

$$\gamma = \begin{cases} 1 & St_{\mathrm{k}} < 0.01 \\ 0.00318St_{\mathrm{k}}^{-1.248} & St_{\mathrm{k}} \geqslant 0.01 \end{cases}$$

(8.7)

布袋除尘器的除尘过程非常复杂，主要原因在于其除尘过程为非稳态过程，分级除尘效率和压降均随时间而改变。随着布袋纤维上所沉积的颗粒越来越多，沉积的粉尘颗粒也在一定程度上承担过滤器的功效，对除尘过程产生一定程度的影响。Thomas 等[16,17]发展了一种复杂模型来考虑非稳态除尘过程。对于沉积有颗粒的纤维，所形成的颗粒枝簇被认为是新形成的"纤维"，这些颗粒枝簇与已有的纤维一起共同作用以捕集颗粒物。该模型认为，布袋除尘器的布袋是由若干层纤维排列而组成，他们针对每一个时间步长和每一层纤维计算烟尘颗粒被捕集的非稳态过程。并且，该模型假设颗粒枝簇和原始纤维独立地捕集烟尘颗粒，而忽略两者之间的相互作用。赵钟鸣等[18]基于当量纤维的概念发展了一种简便模型来考虑荷尘量对非稳态布袋除尘器除尘性能的影响，纤维当量直径 α_{f}' 和当量填充密度 d_{f}' 的数学模型参考式(1.9)。该模型认为，整个纤维层中各纤维的尘粒沉积量均匀分布，而实际上有实验表明表面纤维层的沉积量较深层纤维层的沉积量更大[17]，所以该模型本身即存在一定程度的误差。

时间 t 处、单位面积布袋纤维收集的灰尘颗粒的总质量 $W_{d,t}(kg\cdot m^{-2})$ 为

$$W_{d,t} = \sum_{i=1}^{nc}\left[\pi\rho_p\eta'_{C,i,t}N_i d_{pi}^3 U_g\,\Delta t/6\right] \tag{8.8}$$

式中，nc 为颗粒类的数目；N_i 为静电除尘器之后、布袋除尘器之前尺度为 d_{pi} 的烟尘颗粒的数目浓度，$1/m^3$；U_g 为布袋迎风面积；$\eta'_{C,i,t}$ 为 t 时刻、荷尘纤维对尺度为 d_{pi} 的颗粒的除尘效率。

其中

$$\eta'_{C,i,t} = 1-\exp\left(-\frac{4\alpha'_f\eta'_{s,i,t}h}{\pi(1-\alpha'_f)d'_f}\right);$$
$$\eta'_{s,i,t} = \gamma'_{i,t}\left(\eta'_{Diff,i,t}+\eta'_{Inte,i,t}+\eta'_{Impa,i,t}+\eta'_{Grav,i,t}+\eta'_{Elc,i,t}\right) \tag{8.9}$$

式中，$\eta'_{s,i,t}$、$\eta'_{Diff,i,t}$、$\eta'_{Inte,i,t}$、$\eta'_{Impa,i,t}$、$\eta'_{Grav,i,t}$、$\eta'_{Elc,i,t}$、$\gamma'_{i,t}$ 分别为 t 时刻荷尘单纤维的各种效率，把 d'_f 和 α'_f 分别取代式中的 d_f 和 α_f，即可得到这些效率。

另外，t 时刻布袋除尘器的总质量除尘效率为

$$\eta'_{C,t} = \frac{\sum_{i=1}^{nc}\left[\pi\rho_p\eta'_{C,i,t}N_i d_{pi}^3/6\right]}{\sum_{i=1}^{nc}\left[\pi\rho_p N_i d_{pi}^3/6\right]} \tag{8.10}$$

布袋除尘器的压降如下计算[16,17,19,20]：

$$\Delta P = 64\mu_g U_g h\frac{\alpha'^{3/2}_f\left[1+56\alpha'^3_f\right]}{d'^2_f} \tag{8.11}$$

8.2 静电纤维混合除尘器除尘过程模拟

设定除尘器入口之前烟尘颗粒尺度谱满足三峰对数正态分布，除尘器入口颗粒数目浓度和质量浓度分别为 $2.5013\times10^{14}m^{-3}$ 和 $9.6622\times10^{-3}kg\cdot m^{-3}$。锅炉燃烧产生的飞灰颗粒，经过烟道的输运首先进入静电除尘器，然后通入布袋除尘器，从烟囱排放到大气环境中。此时静电布袋复合除尘器的除尘过程的数值模拟包括两部分，首先是静电除尘器捕集烟尘颗粒的过程，具体过程和数学模型参见文献[6]和[7]相关内容(采用修正的德意希分级公式[4])；然后是荷电的烟尘颗粒(此时烟尘颗粒数目浓度和质量浓度将大幅度降低，且主要为亚微米颗粒，这样可减少布袋除尘器的负荷)在布袋除尘器中的清除过程。由于烟尘颗粒荷电，荷电颗粒与

纤维或颗粒枝簇之间产生的镜像力将有助于提高布袋除尘器对于亚微米颗粒的除尘效率,所以,此时布袋除尘器实际上可称为静电增强布袋除尘器。

静电增强布袋除尘器的除尘过程为非稳态。数值模拟的初始时刻,依照清洁布袋的除尘效率公式,计算得到第一个时间步长之内单位面积纤维荷尘量(依据式(8.9))和压降(依据式(8.11)),并更新纤维当量直径 d_f' 和当量填充密度 α_f',在每个时间步长内,认为静电增强布袋除尘器处于稳态除尘过程;然后在第二个时间步长之内按照荷尘布袋的除尘效率式(8.10)进行计算;依次循环前进,直到清灰或更换新的布袋。

本模拟计算针对一个典型的 300MW 机组(华北电网 A 厂 3 号炉,锅炉额定蒸发量 1110t/h)[4]而进行,原 ESP 难以满足新排放标准的要求,该电厂曾对其进行了增容改造。改造后的静电除尘器达到了很好的除尘效果,但是显然,这种改造方案代价巨大。实际上,可以在原 ESP 之后串联一个布袋除尘器,组成静电布袋混合除尘装置,也有望以较低的投资改造成本达到烟尘排放标准。在本节中,我们分别考察静电布袋混合除尘器和改造后的 ESP 的除尘效果。

表 8.1　静电除尘器结构参数

参数	锅炉烟气量 /(m³/h)	ESP 数目 /台锅炉	ESP 通流面积 /m²	电场风速 /(m/s)	电场内烟气 停留时间/s	同级间距 /mm	单电场 长度/m	总电场 长度/m
原 ESP	1138345	2	192.5	1.2	9.33	400	3.75	11.25
改造 ESP	1714680	2	220	1.08	20.22	450	3.64	21.84

参数	极板高度 /m	收尘面积 /m²	比收尘面积 /(s/m)	长高比	直流输出 电压/kV	单台电 场数	承受负压 /Pa	漏风率/%
原 ESP	13	10822.5	46.88	0.865	95	3	6000	<3
改造 ESP	14.84	23984	100.7	1.47	95 或 80	9	5730	<2.5

布袋除尘器之前的烟尘尺度分布、烟尘的荷电分布等均依据静电除尘器末端出口的数据。假设布袋采用高效率细微颗粒过滤纤维(high-efficiency particulate air(HEPA)filters),参照文献[17]的实验数据,布袋纤维(型号为 D306)的厚度 $h=370\pm30\mu m$,纤维填充密度 $\alpha_f=9.4\times10^{-2}\pm8\times10^{-3}$,纤维平均等价直径 $d_f=1.3\pm0.1\mu m$,来流速度 U_g 为 0.03~0.5m/s。在本书的数值模拟中,认为布袋除尘器方面的数据如下:$h=370\mu m$,$\alpha_f=9.4\times10^{-2}$,$d_f=1.3\mu m$,$U_g=0.1$,布袋除尘器采用脉冲喷吹清灰方式;非稳态布袋除尘器收尘过程的数值模拟中,认为时间步长为 $\Delta t=1s$。

图 8.2 为几种除尘器出口的分级除尘效率曲线。由图可知,改造之前的原 ESP 对于 0.1~1μm 的超细微颗粒物的分级除尘效率在 70%~80%左右,总质量除尘效率为 98.62%,总数目除尘效率仅为 84.27%,还有大量亚微米颗粒尚未被脱除,

除尘器出口烟尘数目浓度和质量浓度分别为 $3.9337×10^{13}m^{-3}$ 和 $133.2895mg·m^{-3}$；改造后的 ESP，对于 $0.1\sim1\mu m$ 的烟尘颗粒能够达到 80%～95%左右的分级除尘效率，其总质量除尘效率高达 99.35%，总数目除尘效率也达到了 92.89%，从 ESP 逃逸到大气环境中的亚微米颗粒物相对来说大幅度降低，出口烟尘数目浓度和质量浓度分别为 $1.7794×10^{13}m^{-3}$ 和 $62.9152mg·m^{-3}$。

对于静电布袋混合除尘器，也能够达到非常好的除尘效果。在新鲜布袋除尘器除尘的初始阶段，其压降较低，约为 900Pa，此时布袋除尘器对于亚微米颗粒物具有较高的除尘效率，随着布袋荷尘量的增加，压降和穿透率都有一定程度的降低，但是仍然对亚微米颗粒物保持很好的除尘效果。一般认为，压降达到 1500Pa 时需要对布袋除尘器进行清灰，清灰之前（压降 $\Delta P=1500Pa$）和清灰之后（$\Delta P=900Pa$）的静电布袋混合除尘器的除尘效果参照图 8.2。混合除尘器对于 $0.1\sim1\mu m$ 的烟尘颗粒的分级除尘效率达到了 80%～100%左右，特别的是，对于 $0.1\sim0.3\mu m$ 的烟尘颗粒，混合除尘器的分级除尘效率要高于改造之后的 ESP，但是，$0.3\sim1\mu m$ 颗粒分级除尘效率要稍微低于改造之后 ESP。清灰之后的静电布袋混合除尘器总质量除尘效率和总数目除尘效率分别为 99.72%和 99.48%，布袋除尘器出口烟尘数目浓度和质量浓度分别为 $1.4974×10^{12}m^{-3}$ 和 $27.4743mg·m^{-3}$；清灰之前的混合除尘器总质量和数目除尘效率分别为 99.80%和 99.80%，而出口进入大气环境的烟尘数目浓度和质量浓度分别为 $7.2896×10^{12}m^{-3}$ 和 $42.5262mg·m^{-3}$。显而易见，静电布袋混合除尘器的除尘效果甚至高于改造后的 ESP。

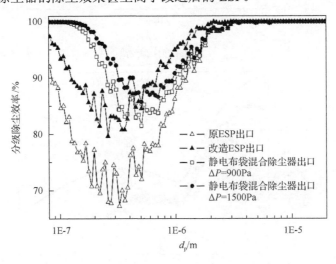

图 8.2　几种除尘器出口的分级除尘效率

图 8.3 分别为几种除尘器的颗粒质量分数分布和颗粒尺度分布曲线。对于尺度小于 $0.3\mu m$ 的亚微米颗粒，混合除尘器出口的质量分数分布曲线和颗粒尺度分

布曲线均明显低于原 ESP 和改造 ESP 出口的相应曲线，这表明这些尺度的亚微米颗粒在混合除尘器中被更高效地脱除，而对于尺度大于 0.3μm 的烟尘颗粒，改造 ESP 出口的质量分数分布曲线和颗粒尺度分布曲线均明显低于混合除尘器和原 ESP 出口的相应曲线，这表明改造 ESP 对这些尺度较大的颗粒去除效果更高一些。造成这种现象的原因在于，静电增强布袋除尘器对于尺度较大的颗粒存在明显的二次飞扬（即尺度较大的烟尘颗粒被没有被与其接触的纤维所捕集，凝并效率较低），布袋除尘器对于这些颗粒的除尘效率相对较低。图 8.4(a) 为清灰之后单纤维除尘效率随颗粒尺度的变化的曲线，黏结效率 γ 随颗粒尺度增加而几乎呈对数衰减，这直接导致单纤维除尘效率 η_s 随颗粒尺度增加而不断降低。清灰之前单纤维除尘效率如图 8.4(b) 所示，与清灰之后单纤维除尘效率基本类似，布朗扩散、拦

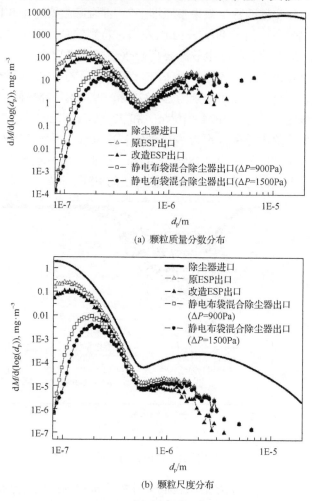

(a) 颗粒质量分数分布

(b) 颗粒尺度分布

图 8.3　几种除尘器中颗粒尺度谱的演变

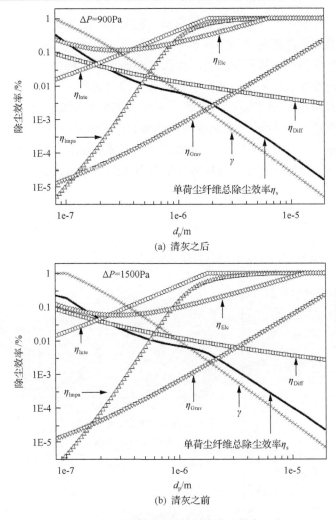

图 8.4　布袋除尘器单纤维除尘效率

截、惯性碰撞和重力作用等机理所控制的单纤维除尘效率并无明显变化，清灰之前静电吸引机制所控制的某尺度颗粒的单纤维除尘效率 η_{Elc} 甚至要低于清灰之后对应颗粒尺度的 η_{Elc}，但是清灰之前某尺度颗粒的黏结效率 γ 要明显高于清灰之后对应颗粒尺度的 γ，这直接导致清灰之后布袋纤维对于各种尺度的颗粒的除尘效率要低于清灰之前的除尘效率。但是，无论是清灰之前还是清灰之后，布袋除尘器对于尺度较大颗粒的单纤维除尘效率都非常低，这直接导致布袋除尘器对于这些颗粒较差的除尘效果。

　　以下着重考察该静电增强布袋除尘器的非稳态除尘过程。图 8.5(a) 为压降 ΔP 和质量穿透率随布袋单位面积荷尘量的变化，随着布袋除尘器服务时间的延长，布袋荷尘量逐渐增加，纤维当量直径和填充密度均不断增加(参照图 8.5(b))，使得布袋除尘器的压降相应增加而穿透率相应降低。单纯就布袋除尘器而言，其整体数目除尘效率和整体质量除尘效率如图 8.5(c)所示，整体效率均随荷尘量增加而增加，但是整体数目除尘效率高于整体质量除尘效率，这主要是因为布袋除尘器对于数目众多的亚微米颗粒具有比质量较大的大尺度颗粒更高的分级除尘效率的缘故。而静电布袋混合除尘器的整体数目除尘效率和整体质量除尘效率如图 8.5(d)所示，两种效率均达到了 99%以上，整体质量除尘效率稍微高于整体数目除尘效率，主要原因在于，静电除尘器有效脱除了质量份额很大的那些超微米颗粒的缘故。

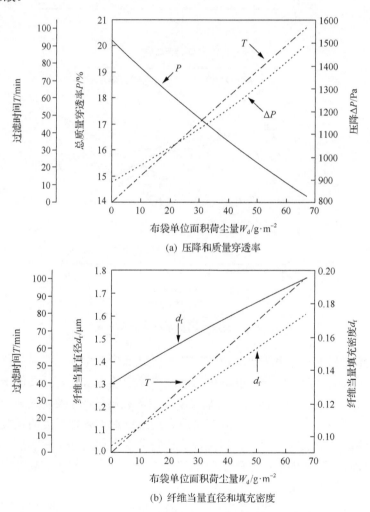

(a) 压降和质量穿透率

(b) 纤维当量直径和填充密度

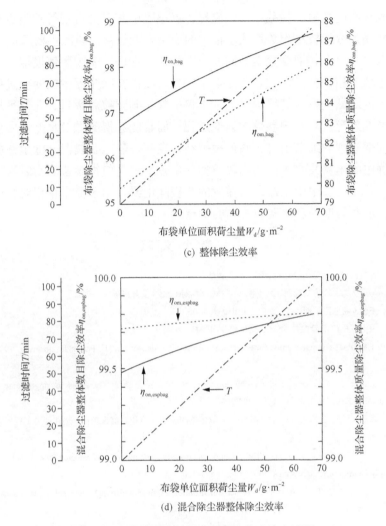

(c) 整体除尘效率

(d) 混合除尘器整体除尘效率

图8.5　布袋除尘器关键参数的非稳态演变过程

8.3　本章小结

　　针对常规静电除尘器难以高效脱除粒径范围在 0.02～10μm 的颗粒的问题,在其后串联一个布袋除尘器,构建静电布袋混合除尘器,是对现有燃煤电厂满足可吸入颗粒物排放要求的一种可行技术方案。静电布袋混合除尘器可望达到99%以上的整体数目除尘效率和整体质量除尘效率,其中静电除尘器主要脱除大尺度烟尘颗粒和一部分亚微米烟尘颗粒,且对颗粒进行荷电,从静电除尘器逃逸出来的亚微米荷电颗粒进入布袋除尘器,借助荷电颗粒与感应荷电纤维之间的镜像力,布袋纤维在布朗扩散、拦截、惯性碰撞、静电吸引和重力沉积等除尘机理的控制下，这些质量浓度较小而数目浓度很大的亚微米颗粒被布袋除尘器所捕集。

本章对静电布袋混合除尘器的非稳态除尘过程进行宏观数值模拟，采用已有布袋除尘器的相关公式，重点关注烟尘颗粒尺度谱在除尘器中的演变过程，从而描述除尘器对烟尘颗粒的捕集过程，不仅能够得到颗粒总数目、几何平均尺度和几何标准偏差等宏观关键参数的演变过程，而且能够得到颗粒尺度谱、分级除尘效率等演变过程的细节信息。数值模拟结果表明，静电布袋混合除尘器能够比改造后的静电除尘器具有更高的细颗粒物除尘效率，是值得参考的布袋除尘器改造方案。而且，在静电除尘器之后布置的布袋除尘器，由于荷尘量相对较少而具有压降低、清灰周期长和清灰效率高的特点。

参 考 文 献

[1] 吴忠标. 大气污染控制工程[M]. 科学出版社, 2002.

[2] 郝吉明, 马广大. 大气污染控制工程(第二版)[M]. 北京: 高等教育出版社, 2002.

[3] 张殿印, 王纯. 除尘器手册[M]. 化学工业出版社, 2005.

[4] 原永涛. 火力发电厂电除尘技术[M]. 化学工业出版社, 2004.

[5] Chang R. COHPAC compacts emission equipment into smaller, denser unit[J]. Power Engineering, 1996, 100(77): 22-25.

[6] Zhao H, Zheng C. A stochastic simulation for the collection process of fly ashes in single-stage electrostatic precipitators[J]. Fuel, 2008, 87(10-11): 2082-2089.

[7] 赵海波, 郭欣, 郑楚光. 300MW 燃煤锅炉静电除尘器的现场实验和数值模拟[J]. 热能动力工程, 2008, 23(3): 259-264.

[8] Kim S H, Park H S, Lee K W. Theoretical model of electrostatic precipitator performance for collecting polydisperse particles[J]. Journal of Electrostatics, 2001, 50(3): 177-190.

[9] Lee K W, Liu B Y H. Theoretical study of aerosol filtration by fibrous filters[J]. Aerosol Science and Technology, 1982, 1(2): 147-161.

[10] Payet S, Boulaud D, Madelaine G, et al. Penetration and pressure drop of a HEPA filter during loading with submicron liquid particles[J]. Journal of Aerosol Science, 1992, 23(7): 723-735.

[11] Landahl H D, Herrmann R G. Sampling of liquid aerosols by wires, cylinders, and slides, and the efficiency of impaction of the droplets[J]. Journal of Colloid Science, 1949, 4(2): 103-136.

[12] Tardos G, Pfeffer R. Interceptional and gravitational deposition of inertialess particles on a single sphere and in a granular bed[J]. AIChe Journal, 1980, 26(4): 698-701.

[13] Zhao Z M, Gabriel I T, Pfeffer R. Separation of airborne dust in electrostatically enhanced fibrous filters[J]. Chemical Engineering Communications, 1991, 108(1): 307-332.

[14] Zhao Z M, Tardos G I, Pfeffer R. Separation of aerosol in electrostatically enhanced fibrous filters[J]. Proceedings of the Second World Congress on Particle Technology. Kyoto Japan, 1990: 12-24.

[15] Tien C. Granular filtration of aerosols and hydrosols[J]. Boston: Butterworth Publishers, 1989.

[16] Thomas D, Penicot P, Contal P, et al. Clogging of fibrous filters by solid aerosol particles experimental and modelling study[J]. Chemical Engineering Science, 2001, 56(11): 3549-3561.

[17] Thomas D, Contal P, Renaudin V, et al. Modelling pressure drop in hepa filters during dynamic filtration[J]. Journal of Aerosol Science, 1999, 30(2): 235-246.

[18] 赵钟鸣. 静电增强纤维除尘数学模型与应用的研究[D]. 沈阳: 东北大学, 1992.

[19] Davied C N. Air filtration[J]. London: Academic Press, 1973.

[20] Bergman W, Taylor R D, Miller H H, et al. Enhanced filtration program at LLNL[M]. 15th DOE Nuclear Air Cleaning Conf, Boston, 1978: 1058-1099.

9   总结和展望

9.1   总   结

大气中的细颗粒物污染问题已经越来越受到人们关注。虽然纤维过滤器的整体捕集效率很高，但是它对于细颗粒物(PM$_{2.5}$)的分级捕集效率仍然不能满足越来越严格的控制排放的要求，对其进行设计和运行的优化是目前众多纤维除尘应用的实际需求。由于复杂的流体-颗粒、流体-纤维、颗粒-纤维相互作用，纤维对颗粒的捕集机理主要分为扩散、拦截、惯性碰撞、重力沉积及其他外部作用力的影响机理(如荷电情况下的静电吸引机理等)。虽然，人们对布袋除尘器复杂的除尘过程和除尘机理进行了大量的实验研究、数值模拟和理论分析，但尚缺乏该过程介观角度的细节信息，而了解不同尺度、受不同机理主导的细微颗粒物的运动轨迹和沉积过程，对于布袋纤维的合理设计(如纤维排列方式和纤维层配置方式、纤维填充密度和纤维直径的选择、纤维形状的优化、静电增强捕集效率的方式等)非常重要。

本书的重点是发展格子 Boltzmann-元胞自动机概率(LB-CA)模型，以及利用该模型对纤维规律微观过程进行细致模拟。这些细致模拟的目的在于：一方面，理解过滤过程，为纤维过滤器设计优选和运行优化提供依据；另一方面，发展适合于工程应用的捕集效率和系统压降等计算公式，服务于生产实践。我们在对纤维过滤微观过程进行模拟时，基本体系为：从稳态荷尘到动态荷尘、从圆形截面纤维到异形截面纤维、从单纤维到多纤维、从二维模拟到三维模拟、从常规捕集机制到静电增强机制、从理想化工况到(接近)实际工况。

具体而言，本书的主要工作和结论如下：

(1)建立气固两相流的格子 Boltzmann-元胞自动机(LB-CA)概率模型。原有的模型无法定量考虑流体对颗粒的曳力以及其他外力对颗粒运动的影响，无法正确描述颗粒与流体微团之间的轨迹滑移、颗粒与流体之间的相互作用，只能定性地描述气固两相流动等问题，本书通过改进颗粒运动概率的计算方法，建立了颗粒外力(如曳力、布朗力、库仑力)与颗粒在规则格子点上迁移概率的定量模型。同时，通过在流体粒子概率密度函数输运方程演化方程中考虑颗粒对流场的反作用力，实现双向耦合，达到考虑颗粒与流体相互作用的目的。进而，利用直接模拟 Monte Carlo 方法来考虑颗粒碰撞动力学，特别是异权值模拟颗粒间的碰撞，实现了四向耦合的气固两相流模型。最后，利用此气固两相流 LB-CA 模型模拟了经典的后台阶气固两相流实验工况，并在与其他模型的模拟结果进行比较，发现该模型结果优于双流体模型的结果，具有与 LES-Lagrangian 模型相当的精度；本书模型比 LES-Lagrangian 模型更加易于考虑双向耦合和四向耦合，且便于进行并行计算和考虑颗粒的随机脉动。尽管本书仅仅利用此 LB-CA 模型模拟纤维过滤过程，但是该模型还可以用于诸多气固两相流工况。

(2)研究了常规纤维过滤器捕集颗粒过程。本书使用 LB 两相流模型，首先模拟了单纤维圆柱纤维捕集颗粒的系统压降和捕集效率，并对纤维层过滤器(包括并列和错列两种排列方式)的压降和效率进行研究。考察了压降与雷诺数 Re、纤维体积分数之间的关系，并且研究了不同纤维排列方式的捕集效率。性能参数的比较显示，错列纤维优于并列纤维；而排列间距(l/h)越大，尽管捕集效率越高，但压降也越大，且压降升高幅度大于捕集效率增加幅度，导致性能参数反而稍有降低，因此需视不同工况来配置合理的纤维排列间距。在 3 种颗粒捕集机制中，惯性碰撞主导机制时颗粒捕集过程受纤维排列方式影响最大，错列纤维的捕集效率要比并列纤维大得多。通过捕集能力的比较可以认为，在设计纤维层除尘器时，为了保证更佳的性能参数，对于惯性较小的颗粒可以适当减少后方纤维的数量，而对于惯性较大的颗粒的捕集，因为主要发生在前两排纤维上，所以可以更多地减少后方纤维数量。

(3)探究了非圆形截面纤维捕集颗粒过程。本书利用 LB 气固两相模型，对几种典型的异形纤维(包括椭圆、三角形、矩形、三叶形、四叶形截面纤维)捕集颗粒的过程进行了模拟，通过研究颗粒在流场中的运动轨迹，分析了不同纤维形状如何对捕集过程产生影响。重点针对椭圆截面纤维，本书通过 Levenberg-Marquardt 方法，得到了一系列基于圆柱纤维效率公式的修正系数，用以计算相同体积分数下不同形状及安放角度椭圆纤维稳态荷尘过程的压降和效率。这些系数形式比较简单，便于实际工程应用。本书进一步考虑了不同配置椭圆纤维在不同捕集机制下的性能变化情况，为优化纤维配置提供了建议。对于其他非圆形纤维(包括三角形、矩形、十字形和三叶形纤维)，本书考察了不同放置角度下非圆形纤维在不同捕集机制下的捕集效率和系统压降，结果发现：对于扩散能力较强的颗粒，同种纤维在放置角度不同时，捕集效率变化不大；当拦截机制在捕集过程中起到主导作用时，即使在相同的迎风面积的情况下，其中纤维放置角度使得迎风面对流场扰动较小的情况下捕集效率较高，此时系统压降也较小；当惯性机制主导时，若迎风面积相同，则迎风面对流场较大的纤维放置方式具有更高的捕集效率。这些结果可为进一步优化纤维形状设计提供参考和建议。

(4)进行了非稳态荷尘过程的数值模拟。利用 LB-CA 模型研究了沉积颗粒在纤维表面的生长过程，以及形成颗粒枝簇的形态学分析，并且定量研究了系统压降和捕集效率随沉积颗粒质量的变化规律。以椭圆截面纤维捕集细微颗粒物的非稳态荷尘过程为例，研究结果表明，当扩散机制主导时，初始阶段细颗粒物会比较均匀地沉积在椭圆纤维表面，后面随着沉积颗粒枝簇长大，改变了流场的分布以及捕集面积，颗粒会更多地在迎风端沉积，并且长轴端的颗粒相对更多。对于系统压降的动态变化，颗粒粒径越小，标准化压降随单位长度纤维捕集的颗粒质量的增加速度就越快，因为颗粒粒径越小，颗粒的比表面积越大；入口速度越小，标准化压降的增长速度也越快；不同的长短轴比的椭圆纤维的标准化压降的变化规律基本一致。得到了椭圆纤维标准化压降变化特性的表达式为 $(\Delta P - \Delta P_0)/\Delta P = \varphi \cdot (e^{M/h} - 1)$。增长速度稳定后，不同条件下均满足标准化效率随颗粒沉积质量增加呈线性增长的规律为 $\eta/\eta_0 = \gamma + \lambda M$。当颗粒粒径越大，流体入口速度越大或者椭圆纤维长短轴比越大时，λ 值越小，标准化效率随沉积颗粒质量的增长越慢。

（5）开展了更接近真实纤维荷尘过程的三维模拟。利用 LB-CA 模型模拟了不同捕集机制(扩散、拦截和惯性)主导时粘污工况的圆形纤维和椭圆纤维颗粒捕集过程，得到了颗粒轨迹、枝簇结构等详细信息。当扩散机制主导时，颗粒在纤维四周沉积形成一个相对开放的结构；当拦截机制主导时，枝簇结构有明显的分叉形成；而惯性较大的颗粒与纤维迎风面发生碰撞，在纤维前方形成了一个较为紧凑的枝簇结构(具有较稳定的分形维数和较低的孔隙率)。并从真实的滤布结构出发，分离出不同编织方法中共有的捕集微元，研究了这一微元捕集颗粒的过程。同时，利用 3 个对数正态分布的累加来描述真实的颗粒粒径分布，考虑多分散颗粒，使得模拟过程更加接近实际。结果发现，在真实捕集过程中，由于大颗粒数目浓度远远低于小粒径颗粒的数目浓度，因此，起到主导作用的捕集机制主要有扩散和拦截两种。在多种机制作用下沉积颗粒形成的枝簇其孔隙率呈现双峰分布。随着沉积过程的进行，枝簇平均孔隙率和荷尘量满足一定的指数关系。

（6）模拟了静电增强纤维荷尘过程。重点针对驻极体纤维捕集带电细颗粒物过程进行数值模拟，利用格子 Boltzmann 方法模拟了圆形和椭圆驻极体纤维周围的电势分布，再用 LB-CA 模型模拟了单极性驻极体纤维捕集带电细颗粒物的清洁捕集效率，用圆形驻极体纤维的清洁捕集效率验证了模型的准确性，模拟了不同工况下，椭圆驻极体纤维捕集细带电颗粒效率的变化规律。当颗粒粒径增大时，椭圆驻极体纤维的清洁捕集效率先增大后减小，颗粒粒径为 0.2μm 时，捕集效率最大。椭圆驻极体纤维的清洁捕集效率与纤维和颗粒带电量都成正比关系，且纤维带电量或颗粒带电量的大小变化作用对捕集效率影响相同。当流体的入口速度增大时，椭圆驻极体纤维的清洁捕集效率不断下降。不同椭圆长短轴比时，驻极体纤维清洁捕集效率基本相同。对静电增强布袋除尘器的非稳态除尘过程进行数值模拟，定量获得了烟尘颗粒尺度谱在除尘器中的演变过程，从而描述除尘器对烟尘颗粒的捕集过程，不仅能够得到颗粒总数目、几何平均尺度和几何标准偏差等宏观关键参数的演变过程，而且能够得到颗粒尺度谱、分级除尘效率等演变过程的细节信息。

(7)进行了纤维除尘器宏观数值模拟。利用纤维过滤已有的压降和捕集效率公式，对静电布袋混合除尘器捕集颗粒物过程进行了数值模拟，考虑布朗扩散、拦截、惯性碰撞、重力沉积和静电吸引机制，重点关注颗粒尺度分布的动态演变过程，并实时跟踪纤维除尘器内荷尘量，由此计算动态变化的分级除尘效率和压降。该宏观模拟计算代价小、简单易行，对于工程上分析除尘器性能有重要参考价值。相关研究结果表明，在常规静电除尘器后面简单地串联一个布袋除尘器，静电除尘器捕集大部分颗粒物(基于质量)，剩余的细颗粒物荷电，达到布袋除尘器分级除尘效率的增强，可达到99%以上的整体数目除尘效率和整体质量除尘效率，而且，布袋除尘器主要负责对亚微米颗粒物的捕集，荷尘量较少，压降增加较缓慢，有利于平稳运行和更长的清灰周期。

9.2 展　　望

纤维过滤器简单易行、操作简便、规模可大可小，特别是对细颗粒物捕集效率高等优点使得其在日常生活、工业生产过程中有广泛地应用。纤维过滤是一个有很长历史的研究领域，20 世纪前期众多著名科学家均对此作出了突出的贡献，这些经典工作为科学理解纤维过滤过程以及对于纤维过滤器的设计和运行优化均有重要的贡献。然而，这一看似简单、实则复杂的气固两相流过程还有诸多有待研究的地方。在现阶段对空气质量要求越来越高的情况下(无论是日常生活还是工业生产)，研究纤维过滤器对细颗粒的高效捕集有着重要的现实意义。尽管本书第 8 章较接近工程计算，但显然本书主体内容是比较基础的建模和模拟。本书的研究对纤维过滤器的设计和改进有一定的借鉴意义，但是还有很多地方可以完善和深入，包括以下几方面。

(1)本书工作离实际应用的纤维过滤器荷尘过程还有一定差距。实际荷尘过程中，纤维往往并非编织，很难是规则排列，往往是一种随机堆积的状态，对此过程的模拟还有待开展。

(2)本书主要涉及对纤维荷尘过程的数值模拟，并无涉及实验测量，虽然有些模拟结果与已有实验研究有比较，但进一步结合数值模拟和实验测量将更好地理解微观荷尘过程。

(3)本书重点关注对纤维过滤器的过滤微元的细致模拟，虽然本书中提出了一些较理想情况下的纤维荷尘压降和效率计算公式，但尚需进一步的验证以及进一步的应用。

(4)本书只涉及 100nm 以上颗粒物的荷尘过程，对于尺度更小的纳米颗粒的高效捕集，也是诸多领域关注的重点，可以利用包括本书发展的 LB-CA 模型在内的相关模型对纤维捕集纳米颗粒过程进行相关工作。

　　(5)利用多场协同作用来提高纤维对细颗粒物的除尘效率也是一个重要的研究方向,本书只涉及利用静电增强方式,并且只关注了驻极体捕集带电颗粒这种工况,其他静电增强方式、协同利用声场、磁场等外场力来提高纤维捕集效率也是可能的研究方向。例如,静电作用种类很多,对于单纤维捕集颗粒这一过程而言,就可以分为颗粒带电或极化、纤维带电或极化、有无外加电场等不同的静电条件,而且这几种条件还可以组合存在。

　　(6)在模拟非稳态捕集的过程中,没有考虑颗粒枝簇的变形、折断以及重新飞散的过程。可以采用 LB 方法与颗粒离散动力学(DEM)方法耦合,来模拟一个更加接近真实情况的非稳态捕集颗粒过程。

　　(7)模型方面,对于流场的模拟采用了格子Boltzmann方法,并加入Smagorinsky亚格子模型来提高模拟的雷诺数。而 Smagorinsky 亚格子模型属于大涡模拟中的一种方法,这就必然导致了流场内的部分细节信息被过滤掉。因此,可以考虑直接使用格子 Boltzmann 方法进行直接数值模拟。当然,这会大大增加计算量,必须使用并行计算的手段来提高计算速度。或者使用其他大涡模拟的方法,尽可能完整的保留流场信息。

　　以上仅为一孔之见。本书的研究工作无论是对于作者本人还是所研究的具体问题,均只是前进了一小步,尚待更多同行在此领域取得更多丰硕成果!